A 类石油石化设备材料监造大纲

（阀门管件分册）

中国石油化工集团有限公司物资装备部　编

内容提要

《A类石油石化设备材料监造大纲》是中国石油化工集团有限公司物资装备部总结以往监造管理工作经验，结合设备材料监造管理制度及相关标准的要求，形成的一套工具书。分为《材料》《阀门管件》《石化专用设备》《石化转动设备与电气设备》《石油专用设备》五个分册，是A类石油石化设备材料监造管理工作制订的技术规范。明确实施监造设备材料的关键部件、关键生产工序，以及质量控制内容，规范中国石化设备材料监造工作流程和质量控制点，是委托第三方监造单位开展A类石油石化设备材料监造管理工作的指导用书。

《A类石油石化设备材料监造大纲》适合从事石油石化设备材料采购、物资供应质量管理、生产建设项目管理、设备技术管理、工程设计等相关人员阅读参考。

图书在版编目（CIP）数据

A类石油石化设备材料监造大纲.2，阀门管件分册／中国石油化工集团有限公司物资装备部编．—北京：中国石化出版社，2020.5

ISBN 978-7-5114-5747-9

Ⅰ.①A… Ⅱ.①中… Ⅲ.①石油化工设备—制造—监管制度②石油化工—化工材料—制造—监管制度③石油化工用阀—制造—监管制度④石油化工设备—管件—制造—监管制度 Ⅳ.①TE65

中国版本图书馆CIP数据核字（2020）第065462号

未经本社书面授权，本书任何部分不得被复制、抄袭，或者以任何形式或任何方式传播。版权所有，侵权必究。

中国石化出版社出版发行
地址：北京市东城区安定门外大街58号
邮编：100011 电话：（010）57512500
发行部电话：（010）57512575
http://www.sinopec-press.com
E-mail: press@sinopec.com
北京科信印刷有限公司印刷
全国各地新华书店经销

*

710×1000毫米 16开本 80.5印张 1232千字
2020年6月第1版 2020年6月第1次印刷
定价：320.00元（全五册）

编委会

主　任：茹　军　王　玲
副主任：戚志强
委　员：张兆文　徐　野　刘华洁　高文辉　方　华　李晓华
　　　　沈中祥　苗　濛　范晓骏　孙树福　周丙涛　余良俭

编写组

主　　编：张兆文
副 主 编：孙树福　余良俭　张　铦
编写人员：娄方毅　田洪辉　傅　军　刘　旸　王洪璞　王瑞强
　　　　　陈生新　陶　晶　刘长卿　程　勇　赵保兴　曲吉堂
　　　　　张冰峻　王秀华　王　磊　唐晓渭　王志敏　夏筱斐
　　　　　王宇韬　郭　峰　吴　宇　杨　景　陈明健　解朝晖
　　　　　章　敏　胡积胜　张海波　葛新生　周钦凯　王　勤
　　　　　田　阳　郑明宇　邵树伟　华　伟　时晓峰　方寿奇
　　　　　贺立新　魏　嵬　赵　峰　张　平　李　楠　刘　鑫
　　　　　李科锋　孙亮亮　付　林　郑庆伦　华锁宝　李星华
　　　　　赵清万　李　辉　易　锋　陈　琳　杨运李　王常青
　　　　　康建强　吴晓俣　吴　挺　刘海洋　陆　帅　李文健
　　　　　田海涛　陈允轩　吴茂成　蔡志伟　李　波　孙宏艳
　　　　　肖殿兴　朱全功　赵付军　姚金昌　鄢邦兵

审核人员

秦士珍　李广月　尉忠友　龚　宏　赵　巍　谭　宁
王立坤　方紫咪　曲立峰　崔建群　毛之鉴　黄　强
沈　珉　邓卫平　李胜利　柯松林　刘智勇　黄　志
黄水龙　刘建忠　徐艳迪

序言
PREFACE

为落实质量强国战略，中国石化坚持"质量永远领先一步"的质量方针，高度重视物资供应质量风险控制，致力打造基业长青的世界一流能源化工公司。设备材料制造质量直接影响石油石化生产建设项目质量进度和生产装置安稳长满优运行，是本质安全的基础。对设备材料制造过程实施监造，开展产品质量过程监控，是中国石化始终坚持的物资质量管控措施。

对于生产建设所需物资，按照其重要程度，实行质量分类管理。对用于生产工艺主流程，出现质量问题对安全生产、产品质量有重大影响的物资确定为A类物资，对A类物资实施第三方驻厂监造。多年来中国石化积累了丰富的监造管理经验，为沉淀和固化行之有效的经验和做法，物资装备部2010年组织编写并出版发行了《重要石化设备监造大纲》（上册），包括加氢反应器、螺纹锁紧环换热器、压缩机组、炉管等共19大类设备；2013年组织编写并出版发行了《重要石化设备监造大纲》（下册），包括烟气轮机、聚酯反应器、冷箱、空冷器、阀门、管件等共17大类设备材料。

为持续提高物资供应质量风险防控能力和质量管理水平，2017年6月启动了A类设备材料监造大纲制（修）订工作。历时两年半，于2019年12月完成了《A类石油石化设备材料监造大纲》制（修）订工作，将85个A类石油石化设备材料监造大纲汇编为材料、阀门管件、石化专用设备、石化转动设备与电气设备、石油专用设备等5个分册。本次监造大纲制（修）订充分吸收了监造单位、设计单位、制造厂和使用单位的意见，并将中国石化设备材料监造管理制度及相关采购技术标准的要求纳入监造大纲内容，明确了原材料、重要部件、关键生产工序等质量控制范围，规范了监造工作流程、质量控制点和控制内容，是开展 A 类石油石化设备材料监造工作的指导性文件。

对参与编写工作的上海众深科技股份有限公司、南京三方化工设备监理有限公司、合肥通安工程机械设备监理有限公司和陕西威能检验咨询有限公司；参与审核工作的中国石油化工股份有限公司胜利油田分公司、齐鲁分公司、长岭分公司、安庆分公司、天然气分公司，中国石化集团扬子石油化工有限公司，中石化工程建设有限公司、洛阳工程有限公司、宁波工程有限公司、石油工程设计有限公司，中国石化集团南京化学工业有限公司化工机械厂，中石化四机石油机械有限公司、石油工程机械有限公司沙市钢管厂，江苏中圣机械制造有限公司、燕华工程建设有限公司、沈阳鼓风机集团股份有限公司、大连橡胶塑料机械有限公司、天津钢管集团股份有限公司、南京钢铁集团有限公司、中核苏阀科技实业股份有限公司、成都成高阀门有限公司、合肥实华管件有限责任公司、浙江飞挺特材科技股份有限公司、宝鸡石油机械有限责任公司、上海神开石油设备有限责任公司、胜利油田孚瑞特石油装备有限责任公司、江苏金石机械集团有限公司等，在此表示感谢。

A 类石油石化设备材料监造大纲，虽经多次研讨修改，由于水平有限，仍难免存在缺陷和不足之处，结合实际使用情况和技术进步需要不断完善，欢迎广大阅读使用者批评指正。

编委会

2019 年 12 月 16 日

目录 CONTENTS

通用阀门监造大纲……………………………………………… 001
低温阀门监造大纲……………………………………………… 017
全焊接管道球阀监造大纲……………………………………… 031
加氢阀门监造大纲……………………………………………… 045
抗 H_2S 阀门监造大纲………………………………………… 059
钢制管件监造大纲……………………………………………… 073
高压临氢管件监造大纲………………………………………… 085
低温管件监造大纲……………………………………………… 101
抗硫化氢（镍基）管件监造大纲……………………………… 119

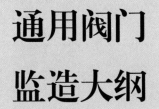

通用阀门
监造大纲

目 录

前　言 …………………………………………………………… 003
1　总则 …………………………………………………………… 004
2　原材料 ………………………………………………………… 008
3　焊接 …………………………………………………………… 008
4　无损检测 ……………………………………………………… 009
5　热处理 ………………………………………………………… 009
6　耐压及泄漏试验 ……………………………………………… 010
7　传动机构和其它 ……………………………………………… 012
8　涂装与发运 …………………………………………………… 013
9　通用阀门驻厂监造主要质量控制点 ………………………… 013

前　言

《通用阀门监造大纲》是参照 GB/T 1.1—2009《标准化工作导则　第 1 部分：标准的结构和编写》给出的规则起草。

本大纲由中国石油化工集团有限公司物资装备部提出。

本大纲 2010 年 7 月第一次发布，本次为修订升版。

本大纲起草单位：上海众深科技股份有限公司。

本大纲起草人：邵树伟、华伟、方寿奇、贺立新、时晓峰、刘鑫、李科锋、孙亮亮、付林。

通用阀门监造大纲

1 总则

1.1 内容和适用范围。

1.1.1 本大纲主要规定了采购单位（或使用单位）对石油化工通用阀门制造过程监造的基本内容及要求，是委托驻厂监造的主要依据。

1.1.2 本大纲适用于石油化工工业使用的通用管线阀门和设备阀门，包括闸阀、止回阀、球阀、截止阀、蝶阀、隔膜阀、旋塞阀、减压阀和安全阀等通用阀门制造过程监造，同类其它通用阀门可参照使用。

1.1.3 电站阀门可参照执行，并应符合相关标准及要求。

1.1.4 本大纲中具体技术要求如与采购技术文件不一致时，原则上应以采购技术文件为准。

1.2 监造工作的基本要求。

1.2.1 监造人员要求。

1.2.1.1 监造人员应与所在监造单位有正式劳动合同关系。

1.2.1.2 监造人员应严格依据监造委托合同，履行监造职责，完成监造任务。

1.2.1.3 监造人员应持有不低于中国设备监理协会颁发的专业设备监理师资格证书，监造人员有二年（或以上）的监造业务经验，在相应专业岗位工作三年以上。

1.2.1.4 监造人员应熟悉监造物资的制造工艺，掌握制造过程中的质量技术要求和检验试验关键控制点。

1.2.1.5 监造人员在监造活动过程中应遵守有关保密约定和规定。

1.2.1.6 监造人员应遵守制造厂HSSE或安全生产管理制度的相关规定，严格执行劳保着装和安全防护要求。

1.2.2 监造工作程序。

1.2.2.1 监造人员在开始监造的10个工作日内，对制造厂的人员资质、生产工艺、装备能力和质保体系运行情况进行检查和评估，并向委托方提供质量风险评估报告，明确风险等级（高、中、低、无）。

1.2.2.2 监造单位在收到采购技术文件后，10个工作日内编制完成《监造大纲》。

1.2.2.3 监造单位在获得设计相关图纸、制造工艺、质量控制计划、生产进度计划后，15日内编制完成《监造实施细则》。

1.2.2.4 监造人员应配备必要的用于平行检查且检定合格的检测器具。

1.2.2.5 监造人员应按委托方的通知或有关要求参加或组织召开预检验会议，与制造厂对接确定检验试验计划和质量控制点，并经委托方确认。

1.2.2.6 监造人员应组织制造厂质量、技术、生产及经营（项目管理）等相关部门召开监理周例会，通报监造工作情况，协调解决质量进度问题，结合生产进度计划安排后续监造工作，并形成会议纪要。

1.2.2.7 监造人员在监造实施过程中，如发现质量隐患、质量问题以及可能影响交货期的重大因素时，应及时报委托方，并以书面形式通知制造厂，要求制造厂采取有效措施予以整改，若制造厂延误或拒绝整改时，可责令其停工。

1.2.2.8 对于原材料、外购件以及外协加工、外协检测和外协检验试验等过程，监造人员应重点审查质量证明文件、外协单位资质、人员资质、工艺文件和检验试验报告等。并依据监造实施细则和检验试验计划中设置的监造访问点，实施质量控制。

1.2.2.9 实施监造的物资经现场监造人员确认符合标准规范和订单约定后，按发货批次开具监造放行单，并报委托方。

1.2.2.10 全部监造工作完成后，应于30日内完成监造总结报告交付委托方。

1.3 监造单位应提交的文件资料。

1.3.1 目录（含页码）（必须）。

1.3.2 产品质量监造报告书（必须）。

1.3.3 监造工作总结（必须）。

1.3.4 监造大纲（必须）。

1.3.5 监造实施细则（必须）。

1.3.6 监造周报（必须）。

1.3.7 设计变更通知及往来函件（如有）。

1.3.8 监造工作联系单（如有）。

1.3.9 监造工程师通知单（如有）。

1.3.10 会议纪要（如有）。

1.3.11 监造放行单（必须）。

1.4 主要编制依据。

1.4.1 TSG D B001 压力管道阀门安全技术监察规程。

1.4.2 TSG ZF 001 安全阀安全技术监察规程。

1.4.3 GB/T 12220 工业阀门标志。

1.4.4 GB/T 12221 金属阀门结构长度。

1.4.5 GB/T 12222 多回转阀门驱动装置的连接。

1.4.6 GB/T 12224 钢制阀门一般要求。

1.4.7 GB/T 12225 通用阀门铜合金铸件技术条件。

1.4.8 GB/T 12226 通用阀门灰铸铁件技术条件。

1.4.9 GB/T 12227 通用阀门球墨铸铁件技术条件。

1.4.10 GB/T 12228 通用阀门碳素钢锻件技术条件。

1.4.11 GB/T 12229 通用阀门碳素钢铸件技术条件。

1.4.12 GB/T 12230 通用阀门不锈钢铸件技术条件。

1.4.13 GB/T 12232 通用阀门法兰连接铁制闸阀。

1.4.14 GB/T 12234 石油、天然气工业用螺柱连接阀盖的钢制闸阀。

1.4.15 GB/T 22652 阀门密封面堆焊工艺评定。

1.4.16 GB/T 26429 设备工程监理规范。

1.4.17 GB/T 26480 阀门的检验和试验。

1.4.18 SH/T 3064 石油化工钢制通用阀门选用、检验及验收。

1.4.19 SH 3518 石油化工阀门检验与管理规程。

1.4.20　JB/T 5300　工业用阀门材料选用导则。

1.4.21　JB/T 6439　阀门受压件磁粉探伤检验。

1.4.22　JB/T 6440　阀门受压铸钢件射线照相检测。

1.4.23　JB/T 6902　阀门液体渗透检测。

1.4.24　JB/T 6903　阀门锻钢件超声波检测。

1.4.25　JB/T 7248　阀门用低温钢铸件技术条件。

1.4.26　JB/T 7927　阀门铸钢件外观质量要求。

1.4.27　JB/T 10507　阀门金属波纹管。

1.4.28　API Spec 6D—2008　管线阀门规范。

1.4.29　API Std 594—2004　对夹式和凸耳对夹式止回阀。

1.4.30　API Std 598—2009　阀门的检验和试验。

1.4.31　API Std 599—2007　法兰端螺纹端和焊接端金属旋塞阀。

1.4.32　API Std 600—2013　法兰和对焊连接的钢制闸阀。

1.4.33　API Std 602—2009　公称尺寸小于和等于 $DN100$ 的钢制闸阀、截止阀和止回阀。

1.4.34　API Std 603—2012　法兰端、对焊端耐腐蚀栓接阀盖闸阀。

1.4.35　API Std 608—2008　法兰螺纹和焊连接的金属球阀。

1.4.36　API Std 609—2004　凸耳对夹式和对夹式蝶阀。

1.4.37　ASME B 16.10—2009　阀门的面对面和端至端的尺寸。

1.4.38　MSS SP6—2007　管法兰以及阀门和管件端法兰的接触面标准精度。

1.4.39　MSS SP 55—2006　阀门、法兰、管件和其它管道部件用铸件质量标准——表面缺陷评定的目视检验方法。

1.4.40　Q/SHCG 11010—2016　锻钢阀门采购技术规范。

1.4.41　Q/SHCG 11012—2016　铸铁阀门采购技术规范。

1.4.42　Q/SHCG 11013—2016　通用蝶阀采购技术规范。

1.4.43　Q/SHCG 11014—2016　通用球阀采购技术规范。

1.4.44　Q/SHCG 11015—2016　通用低温阀门采购技术规范。

1.4.45　采购技术文件等。

2 原材料

2.1 阀体、阀盖、阀座、阀芯、阀瓣、法兰等材料牌号、类别等应符合阀门数据表、采购技术文件规定。

2.2 材料化学成分、力学性能应符合相关标准和采购技术文件要求。

2.3 碳钢阀门主要承压件的碳含量应当不大于0.30%，并且碳当量不大于0.45%；对焊连接阀门、拼焊结构阀门以及低温用碳钢阀门主要承压件的碳含量应当不大于0.25%。

2.4 阀体、阀盖、阀瓣和阀杆应进行外观检验。阀门铸件的外观按MSS SP 55标准进行检验。

2.5 阀门铸件局部缺陷的处理按采购技术文件的规定。缺陷清除后凹坑处的壁厚符合设计的最小壁厚时，只需打磨，不宜进行焊补。

2.6 阀杆、阀座、阀瓣等密封件材料应符合API Std 502—2005表11和表12的规定。

2.7 阀座与阀瓣（或阀板）、阀杆与其配合零件之间的硬度差应满足采购技术文件的要求。两个表面均为硬质合金时，可不要求硬度差。

2.8 不锈钢和镍基合金阀门应进行晶间腐蚀试验。

2.9 PMI光谱检验按照采购技术文件要求进行。

2.10 专用阀门（临氢阀门、高温高压阀门、低温阀门等）的特殊要求按采购技术文件。

3 焊接

3.1 阀体、阀盖的焊接应当采用全焊透对接焊，包括阀体、阀盖与法兰的焊接和阀体、阀盖与夹套、波纹管、加强筋等承压件的焊接。

3.2 材料补焊按采购技术文件规定，补焊应得到用户或工程设计单位书面同意。如需补焊，阀体锻件补焊面积不得超过阀体面积的10%，补焊深度不得超过成品厚度的1/3或9.5mm（取小值），补焊的锻件应进行淬火热处理。铸件缺陷的补焊宜在热处理前，按照评定合格的补焊工艺进行。

3.3 承压铸件存在以下情况时，不允许补焊，应予以报废。

3.3.1 涉及面广，贯穿性裂纹，或无法清除干净的砂眼、夹渣、气孔、缩松等缺陷。

3.3.2 难以保证焊接质量、或无法采取有效质量检验。

3.3.3 精加工后发现的缺陷。

3.4 密封面堆焊检查。

3.4.1 密封面堆焊应有焊接工艺评定支持。

3.4.2 堆焊层加工后应进行渗透检测，按 NB/T 47013.5 Ⅰ级验收。

3.4.3 堆焊密封面应进行外观检查，不允许有裂纹、气孔、缩孔等缺陷，堆焊侧面不允许有未焊透。

3.4.4 堆焊密封面应进行硬度检查。

3.4.5 堆焊层的耐蚀性应不低于阀体材料。

3.4.6 堆焊密封面的化学分析按采购技术文件规定。

3.4.7 堆焊密封面应进行堆焊层厚度检查。

4 无损检测

4.1 铸钢件和锻件的无损检验应符合 ASME B16.34 第八章，或执行 JB/T 6439《阀门受压件磁粉探伤检验》、JB/T 6440《阀门受压铸钢件射线照相检测》、JB/T 6902《阀门液体渗透检测》、JB/T 6903《阀门锻钢件超声波检测》。

4.2 焊接接头的射线检测和表面磁粉或渗透检测应当执行 NB/T 47013《承压设备无损检测》标准。

4.3 专用阀门（临氢阀门、高温高压阀门、低温阀门等）阀体、阀盖表面的无损检测按采购技术文件规定。

5 热处理

5.1 奥氏体不锈钢、双相不锈钢和镍基合金的热处理应为固溶处理；铬钼合金钢和碳钢的热处理应为正火加回火。

5.2 焊接（包括重大缺陷焊补）后应进行消除应力热处理。

5.3 奥氏体不锈钢热处理后应进行酸洗钝化处理。

5.4 用于-100℃以下的低温阀门,其阀体、阀盖、阀瓣、阀座、阀杆等零件在精加工前应进行深冷处理,即将零件浸放在液氮箱中进行冷却,当零件温度达到-196℃时,开始保温1~2h,然后取出箱外自然处理到常温,重复循环2次。

6 耐压及泄漏试验

6.1 压力试验包括阀体压力试验、上密封试验、低压密封试验、高压密封试验。按API Std 598《阀门的检验和试验》验收。

6.2 压力试验时有渗漏的铸件不允许采用锤击、堵塞或者浸渍的方法堵漏。

6.3 压力试验时不允许在密封面上涂密封剂、密封脂或密封油,允许有一薄层重度不超过煤油的油涂于密封面上以防止密封面磨损。

6.4 奥氏体不锈钢阀门的水压试验用水的氯离子含量应≤100mg/L。

6.5 公称通径≤100mm、公称压力≤25.0MPa和公称通径≥125mm、公称压力≤10.0MPa的阀门,压力试验按下表实施。

试验项目	阀门类型					
	闸阀	截止阀	旋塞阀	止回阀	浮动式球阀	蝶阀和固定式球阀
阀体*1	必须	必须	必须	必须	必须	必须
上密封	必须	必须	不适用	不适用	不适用	不适用
低压密封	必须	任选	必须*2	选择*3	必须	必须
高压密封*4	任选	必须*5	任选*2	必须	任选	任选

*1 所有具有上封面性能的阀门都应进行上封面试验,波纹管密封阀门除外。
*2 对于油封式旋塞阀,高压密封试验是必须的,低压密封试验任选。
*3 如经需方同意,可以用低压密封试验代替高压密封试验。
*4 弹性密封阀门经高压密封试验后,可能降低其低压工况的密封性能。
*5 对于动力驱动的截止阀,高压密封试验的试验压力应是动力驱动装置所使用的设计压差的110%。

6.6 公称通径≤100mm、公称压力>25.0MPa和公称通径≥125mm、公称压力>10.0MPa的阀门,压力试验按下表实施。

试验项目	阀门类型					
	闸阀	截止阀	旋塞阀	止回阀	浮动式球阀	蝶阀和固定式球阀
阀体*1	必须	必须	必须	必须	必须	必须
上密封	必须	必须	不适用	不适用	不适用	不适用
低压密封	任选	任选	任选	选择*2	必须	必须
高压密封*3	必须	必须*4	必须	必须	任选	任选

*1 所有具有上封面性能的阀门都应进行上封面试验,波纹管密封阀门除外。
*2 如经需方同意,可以用低压密封试验代替高压密封试验。
*3 弹性密封阀门经高压密封试验后,可能降低其低压工况的密封性能。
*4 对于动力驱动的截止阀,高压密封试验的试验压力应是动力驱动装置所使用的设计压差的110%。

6.7 阀体试验、高压上密封试验和高压密封试验的试验介质应是水、空气、煤油或黏度不高于水的非腐蚀性液体。试验介质温度不超过52℃。

6.8 低压密封试验和低压上密封试验,试验介质是空气或惰性气体。

6.9 除非采购技术文件另有规定,其试验压力如下。

6.9.1 壳体试验压力为38℃时最大许用工作压力的1.5倍。

6.9.2 高压密封试验和高压上密封试验压力为38℃时最大许用工作压力的1.1倍。

6.9.3 低压密封试验和低压上密封试验压力0.4~0.7MPa。

6.9.4 蝶阀的密封试验压力为设计压差的1.1倍。

6.9.5 止回阀的密封试验压力为38℃时的公称压力。

6.10 除非采购技术文件另有规定,其保压时间如下表所示。

阀门规格（NPS）/in*	最短保压时间/s				
	壳体		上密封	密封	
	止回阀	其它阀门	所有阀门	止回阀	其它阀门
≤2	60	15	15	60	15
2.5~6	60	60	60	60	60
8~12	60	120	60	60	120
≥14	120	300	60	120	120

* 1in = 2.54cm。

6.11 允许泄漏率。

6.11.1 阀体试验不允许在阀体壁和任何固定的阀体连接处有泄漏。

6.11.2 上密封试验不允许有泄漏。

6.11.3 可调阀杆密封的阀门,阀杆密封泄漏应确保38℃时保压时间内压力没有下降。

6.11.4 不可调阀杆密封的阀门(O形圈、密封圈等),阀体试验不允许有泄漏。

6.11.5 低压密封试验和高压密封试验持续时间内的允许泄漏率按API Std 598—2004和采购技术文件规定。

6.12 减压阀应进行开启压力试验,安全阀应进行起跳和回座压力试验,按采购技术文件规定。

6.13 压力试验应在油漆或其它涂层涂装之前进行。

6.14 密封试验和阀体试验可以同时进行。

6.15 于双向密封的阀门,应轮流开启每一端进行低压密封试验。

6.16 高压密封试验介质为液体时,以液滴来考核泄漏率。

7 传动机构和其它

7.1 对于带驱动装置的阀门,应进行驱动装置的手动试验和电动试验,保证传动的灵活,不允许有空行程。

7.2 采用齿轮传动的阀门,应啮合良好,运转平稳,操作轻便,无卡涩或过度磨损现象。

7.3 采用链轮机构的阀门,链条运动应顺畅、不脱槽,链条不得有开环、脱焊、锈蚀或链轮与链条节距不符等缺陷。

7.4 电动装置的电气接线应符合要求,导线不得开裂,绝缘层不得损伤,主箱体上应有接地螺栓与标志。

7.5 阀杆与填料的表面粗糙度≤0.8μm;填料箱内壁表面粗糙度≤3.2μm。

7.6 具有耐火结构的阀门应当按照采购技术文件或者型式试验要求进行耐火试验。阀门耐火试验应当符合JB/T 6899《阀门的耐火试验》规定。

7.7 具有防静电结构的阀门应进行防静电荷聚集试验。

8 涂装与发运

8.1 阀门的铭牌和永久标记应符合 GB 12220、JB/T 106—2004 和采购技术文件的规定。

8.2 永久标记内容至少应有如下内容。

8.2.1 制造商名称和商标标识。

8.2.2 阀体、阀盖、阀杆、阀座和阀瓣的材料标识。

8.2.3 公称通径和压力等级。

8.2.4 止回阀的流向。

8.2.5 极限温度。

8.2.6 其它使用限制。

8.2.7 当短管两端、法兰、加长阀体端需采用焊接时,应在相应部位增加焊接连接件材料牌号和焊后热处理方式的标记。

8.2.8 产品的生产编号。

8.3 阀门在检验和试验之后放净水,使其干燥。应提供相应的保护措施以防止运输中的机械损伤和腐蚀。

8.4 端法兰密封面、焊接连接端、螺纹连接端应有保护。端法兰密封面、焊接坡口等应涂防锈油。端法兰密封面及外观质量应符合法兰的相关标准要求,不得有径向划痕、大面积锈蚀和磕伤、碰伤、裂纹等现象。

8.5 阀杆外露部分要有保护,不得有变形、歪斜现象,手轮与阀杆固定良好。

8.6 阀门的油漆应符合采购技术文件的规定。

8.7 阀门端部处应用挡板盖上或塞住,以防密封面损坏。

8.8 装箱及出厂文件检查。

9 通用阀门驻厂监造主要质量控制点

9.1 文件见证点(R):由监造人员对设备材料制造过程有关文件、记录或报告进行见证而预先设定的监造质量控制点。

9.2 现场见证点（W）：由监造人员对设备材料制造过程、工序、节点或结果进行现场见证而预先设定的监造质量控制点，且应包括相关文件见证点（R）质量控制内容。

9.3 停止点（H）：由监造人员见证并签认后才可转入下一个过程、工序或节点而预先设定的监造质量控制点，应包括相关现场见证点（W）和文件见证点（R）质量控制内容。

序号	主要项目	监造内容	文件见证点（R）	现场见证（W）	停止点（H）
1	生产准备	1. 生产网络计划	R		
		2. 质量检验计划	R		
		3. 焊接评定记录及工艺规程	R		
		4. 压力试验、密封试验工艺规程	R		
2	原材料	1. 材料牌号		W	
		2. 化学成分、机械性能	R		
		3. 不锈钢和镍基合金晶间腐蚀试验	R		
		4. 铸件和锻件材料样棒		W	
		5. 阀体和阀盖等毛坯件的外观		W	
		6. 密封件材料	R		
		7. 阀座与阀瓣或阀板、阀杆与其配合零件之间的硬度差	R		
		8. PMI检验		W	
3	焊接	1. 全焊透		W	
		2. 补焊		W	
		3. 密封面堆焊		W	
		4. 密封面硬度		W	
		5. 密封面的化学成分分析	R		
		6. 密封面堆焊厚度		W	
		7. 焊缝外观		W	

（续表）

序号	主要项目	监造内容	文件见证点（R）	现场见证（W）	停止点（H）
4	热处理	1. 承压铸、锻件性能热处理		W	
		2. 补焊后的消应热处理		W	
		3. 深冷处理		W	
5	无损检测	1. 承压铸、锻件RT、UT、PT、MT		W	
		2. 焊接接头的RT、PT、MT		W	
6	压力试验及密封试验	1. 试验压力、保压时间、介质、温度			H
		2. 泄漏率			H
		3. 减压阀开启试验			H
		4. 安全阀起跳和回座压力试验			H
7	尺寸及外观	1. 阀体厚度		W	
		2. 阀体结构尺寸		W	
		3. 阀杆与填料的表面粗糙度		W	
		4. 填料箱内壁表面粗糙度		W	
		5. 总体外观		W	
8	传动机构	驱动装置的手动试验和电动试验			H
9	其它	1. 不锈钢和镍基合金阀门酸洗钝化处理		W	
		2. 耐火结构阀门的耐火试验	R		
		3. 防静电结构阀门静电荷聚集	R		
10	标识	1. 铭牌		W	
		2. 制造商名称和商标		W	
		3. 标准标识		W	
		4. 公称通径、压力等级		W	
		5. 阀体、阀盖、阀杆、阀座和阀瓣材料标识		W	
		6. 阀门介质流向		W	
		7. 永久标记		W	
11	包装	1. 油漆		W	
		2. 清洁和干燥		W	
		3. 阀门端部保护		W	
		4. 装箱及质量文件		W	

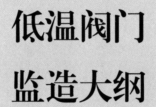

低温阀门
监造大纲

目 录

前　言	019
1　总则	020
2　图样符合性审查	023
3　原材料	023
4　焊接	024
5　热处理	024
6　无损检测	024
7　深冷处理	025
8　尺寸检查	025
9　常温压力试验	026
10　低温试验	026
11　驱动装置	027
12　标志	027
13　保护、防腐、包装	028
14　低温阀门驻厂监造主要质量控制点	028

前 言

《低温阀门监造大纲》是参照GB/T 1.1—2009《标准化工作导则　第1部分：标准的结构和编写》给出的规则起草。

本大纲由中国石油化工集团有限公司物资装备部提出。

本大纲为首次发布。

本大纲起草单位：合肥通安工程机械设备监理有限公司。

本大纲起草人：杨景、郑庆伦、华锁宝、周钦凯。

低温阀门监造大纲

1 总则

1.1 内容和适用范围。

1.1.1 本大纲主要规定了采购单位（或使用单位）对低温阀门制造过程监造的基本内容及要求，是委托驻厂监造的主要依据。

1.1.2 本大纲适用于石油化工工业用设计温度 $-196 \sim -29$ ℃低温阀门制造过程监造。阀门的公称压力 $PN20 \sim 420$（Class150 ~ Class2500），阀门类型主要包括闸阀、截止阀、止回阀、球阀、蝶阀等，同类阀门可参照使用。

1.1.3 本大纲中具体技术要求如与采购技术文件不一致时，原则上应以采购技术文件为准。

1.2 监造工作的基本要求。

1.2.1 监造人员要求。

1.2.1.1 监造人员应与所在监造单位有正式劳动合同关系。

1.2.1.2 监造人员应严格依据监造委托合同，履行监造职责，完成监造任务。

1.2.1.3 监造人员应持有不低于中国设备监理协会颁发的专业设备监理师资格证书，监造人员有二年（或以上）的监造业务经验，在相应专业岗位工作三年以上。

1.2.1.4 监造人员应熟悉监造物资的制造工艺，掌握制造过程中的质量技术要求和检验试验关键控制点。

1.2.1.5 监造人员在监造活动过程中应遵守有关保密约定和规定。

1.2.1.6 监造人员应遵守制造厂 HSSE 或安全生产管理制度的相关规定，严格执行劳保着装和安全防护要求。

1.2.2 监造工作程序。

1.2.2.1 监造人员在开始监造的10个工作日内，对制造厂的人员资质、生产工艺、装备能力和质保体系运行情况进行检查和评估，并向委托方提供质量风险评估报告，明确风险等级（高、中、低、无）。

1.2.2.2 监造单位在收到采购技术文件后，10个工作日内编制完成《监造大纲》。

1.2.2.3 监造单位在获得设计相关图纸、制造工艺、质量控制计划、生产进度计划后，15日内编制完成《监造实施细则》。

1.2.2.4 监造人员应配备必要的用于平行检查且检定合格的检测器具。

1.2.2.5 监造人员应按委托方的通知或有关要求参加或组织召开预检验会议，与制造厂对接确定检验试验计划和质量控制点，并经委托方确认。

1.2.2.6 监造人员应组织制造厂质量、技术、生产及经营（项目管理）等相关部门召开监理周例会，通报监造工作情况，协调解决质量进度问题，结合生产进度计划安排后续监造工作，并形成会议纪要。

1.2.2.7 监造人员在监造实施过程中，如发现质量隐患、质量问题以及可能影响交货期的重大因素时，应及时报委托方，并以书面形式通知制造厂，要求制造厂采取有效措施予以整改，若制造厂延误或拒绝整改时，可责令其停工。

1.2.2.8 对于原材料、外购件以及外协加工、外协检测和外协检验试验等过程，监造人员应重点审查质量证明文件、外协单位资质、人员资质、工艺文件和检验试验报告等。并依据监造实施细则和检验试验计划中设置的监造访问点，实施质量控制。

1.2.2.9 实施监造的物资经现场监造人员确认符合标准规范和订单约定后按发货批次开具监造放行单，并报委托方。

1.2.2.10 全部监造工作完成后，应于30日内完成监造总结报告交付委托方。

1.3 监造单位应提交的文件资料。

1.3.1 目录（含页码）（必须）。

1.3.2 产品质量监造报告书（必须）。

1.3.3 监造工作总结（必须）。

1.3.4 监造大纲（必须）。

1.3.5 监造实施细则（必须）。

1.3.6 监造周报（必须）。

1.3.7 设计变更通知及往来函件（如有）。

1.3.8 监造工作联系单（如有）。

1.3.9 监造工程师通知单（如有）。

1.3.10 会议纪要（如有）。

1.3.11 监造放行单（必须）。

1.4 主要编制依据。

1.4.1 GB/T 12234 石油、天然气工业用螺柱连接阀盖的钢制闸阀。

1.4.2 GB/T 12235 石油石化及相关工业用钢制截止阀和升降式止回阀。

1.4.3 GB/T 12236 石油、石化及相关工业用钢制旋启式止回阀。

1.4.4 GB/T 12237 石油、石化及相关工业用钢制球阀。

1.4.5 GB/T 24925 低温阀门技术条件。

1.4.6 GB/T 26429 设备工程监理规范。

1.4.7 API 600 法兰和对焊连接钢制闸阀。

1.4.8 API 602 公称尺寸不大于 DN100 钢制闸阀、截止阀、止回阀。

1.4.9 API 608 法兰、螺纹和焊接连接金属球阀。

1.4.10 API 609 双法兰、凸耳和对夹式蝶阀。

1.4.11 ASME B16.34 法兰、螺纹、焊连接的阀门。

1.4.12 BS 1868 石油、石化及相关工业用法兰端和焊接端钢制止回阀。

1.4.13 BS 1873 石油、石化及相关工业用法兰端和焊接端钢制截止阀和截止止回阀。

1.4.14 BS 6364 低温阀门。

1.4.15 API 598 阀门检验与试验。

1.4.16 ISO 15848 工业阀门微泄漏之测量、试验、鉴定程序。

1.4.17 Q/SHCG 11015—2016 通用低温阀门采购技术规范。

1.4.18 采购技术文件。

2 图样符合性审查

2.1 产品结构设计应符合中国石化《通用低温阀门采购技术规范》及相关标准的规定。

2.2 产品零部件材料选择应符合中国石化《通用低温阀门采购技术规范》及相关标准的规定。

2.3 产品结构长度、连接尺寸、阀盖加长杆高度尺寸应符合中国石化《通用低温阀门采购技术规范》及相关标准的规定。

3 原材料

3.1 对碳素钢应采用电炉加VOD或更好的方法冶炼；对奥氏体不锈钢应采用电炉加AOD或更好的方法冶炼。

3.2 审查阀门零部件材料质量证明书，化学成分、力学性能、低温冲击值、硬度、热处理等内容应符合中国石化《通用低温阀门采购技术规范》及材料标准的规定。

3.3 抽样见证阀门零部件材料复验及审查制造厂的阀门零部件材料复验报告，材料复验的抽样数量、检验项目及结果应符合中国石化《通用低温阀门采购技术规范》及相关标准的规定。

3.4 审查焊接材料质量证明书，应符合焊接工艺规程及相应材料标准的规定。

3.5 铸件质量检查及缺陷处理应符合采购技术文件、中国石化《通用低温阀门采购技术规范》及相关标准的规定。

3.6 锻件质量检查及缺陷处理应符合采购技术文件、中国石化《通用低温阀门采购技术规范》及相关标准的规定。

3.7 锻件锻造比应不低于3。

3.8 其它要求应按采购技术规范及相关文件执行。

4 焊接

4.1 零部件焊接必须有经评定合格的焊接工艺，焊接过程符合焊接工艺要求。

4.2 焊接规程及焊接工艺评定应符合 ASME B31.3 中第 K328 节及 ASME 第 IX 卷的规定。

4.3 铸件补焊应依据补焊工艺，当铸件缺陷深度超过壁厚的 20% 或 25mm（取小值）、单个缺陷面积大于 65cm² 的补焊后应进行热处理，重新进行射线检测。

4.4 铸件压力试验后发现的外泄漏缺陷及蜂窝状缺陷不允许补焊，应予以报废。

4.5 锻件的缺陷不允许补焊。

4.6 密封面堆焊应有经评定合格的堆焊工艺，堆焊材料及参数应符合堆焊工艺要求。

4.7 承压焊缝应采用全焊透形式，焊后应进行消除压力热处理，焊后热处理应符合 ASME B31.3 中 K331 的规定。

5 热处理

5.1 低温碳钢应进行"正火加回火"或"淬火加回火"处理。

5.2 奥氏体不锈钢应进行"固溶化处理"。

5.3 铸件重大补焊后应按照中国石化《通用低温阀门采购技术规范》要求进行热处理。

5.4 低温碳钢热加工或焊接后应进行消除应力热处理。

5.5 不锈钢铸锻件应按炉批号依据 ASTM A262 中的 E 法进行晶间腐蚀试验，应无晶间腐蚀倾向。

5.6 不锈钢铸、锻件非加工表面应进行酸洗钝化处理。

6 无损检测

6.1 审查铸锻件无损检测报告，铸锻件无损检测方法依据 ASTM E94《射线照相检验标准指南》、ASTM E709《磁粉检验推荐标准》、ASTM E165《液体渗透检验方法》、ASTM A388《大型锻钢件超声检测方法》，验收依据中国石化《通用低温阀门采购技术规范》。

6.2 制造厂铸锻件无损检测抽检数量依据中石化《通用低温阀门采购技术规范》的规定。

6.3 密封面堆焊层加工后应进行渗透检测，验收依据中国石化《通用低温阀门采购技术规范》。

6.4 阀门承压焊缝应进行100%射线检测，检测方法及验收依据中国石化《通用低温阀门采购技术规范》。

6.5 对焊连接阀门的焊接端部应进行100%射线检测，检测方法及验收依据中国石化《通用低温阀门采购技术规范》。

7 深冷处理

7.1 深冷处理装置应能满足零部件深冷处理要求。

7.2 用于−101℃及以下的低温阀门，其阀体、阀盖、闸板、阀瓣、阀座、阀杆、紧固件等零件在精加工前应进行深冷处理，即将零件浸放在液氮箱中进行冷却，当零件温度达到−196℃时，保温时间不低于2h，然后取出箱外自然处理到常温，重复循环2次。

7.3 零部件深冷处理完成后应检查是否有异常情况出现。

8 尺寸检查

8.1 阀体、阀盖壁厚尺寸应符合中国石化《通用低温阀门采购技术规范》、采购技术文件及标准要求。

8.2 阀门其它零部件尺寸与粗糙度应符合中国石化《通用低温阀门采购技术规范》、采购技术文件及标准要求。

8.3 阀门结构长度、连接尺寸应符合中国石化《通用低温阀门采购技术规范》、采购技术文件及标准要求。

8.4 阀盖加长杆高度尺寸应符合中国石化《通用低温阀门采购技术规范》、

采购技术文件及标准要求。

8.5　密封面堆焊层高度尺寸应符合中国石化《通用低温阀门采购技术规范》、采购技术文件及标准要求。

9　常温压力试验

9.1　压力试验包括壳体强度试验、上密封试验（有上密封结构）、高压液体密封试验、低压气密封试验。按照中国石化《通用低温阀门采购技术规范》、API 598《阀门检验和试验》标准进行常温压力试验。

9.2　阀门经过壳体强度试验后，不应有结构损伤，阀门壳壁不允许有可见渗漏。

9.3　奥氏体不锈钢阀门水压试验时，水中的氯离子含量不得超过50mg/L。

9.4　气密封试验的气体介质应为干燥、洁净的空气、氮气或其它惰性气体。

9.5　压力试验完成后，试验用水应立即排净，阀门应用干燥的空气或氮气吹干。

9.6　压力试验时有渗漏的，不允许采用锤击、堵塞或者浸渍的方法堵漏。

9.7　压力试验应在油漆或其它涂层涂装之前进行。

10　低温试验

10.1　低温试验应在常温压力试验完成并合格后进行。

10.2　低温试验抽检比例应依据中国石化《通用低温阀门采购技术规范》的规定。

10.3　低温试验方法及性能要求依据中国石化《通用低温阀门采购技术规范》及BS6364《低温阀门》的规定。

10.4　当买方有要求时，采用吸入法进行低温下阀门的微泄漏试验，其验收按照ISO 15848-2的B级规定进行。

10.5　低温试验阀门的启闭动作次数为5次。

10.6　低温试验介质为液氮或液氮与酒精混合液。

10.7 低温试验过程中应平稳操作，不得撞击或其它有损阀门性能的操作方式。

10.8 阀门在检验和试验之后清除水及表面污物并使其干燥。

11 驱动装置

11.1 对于带驱动装置的阀门，应进行驱动装置外观质量检查及相关质量证明文件审查，应符合采购技术文件及相关标准规定。

11.2 应检查阀门与驱动装置的联调联试，驱动装置动作应灵活无卡阻，位置精度应满足要求。

11.3 电动装置的电气接线应符合要求，导线不得开裂，绝缘层不得损伤，主箱体上应有接地螺栓与标志。

11.4 电动装置防爆等级、防护等级应符合采购技术文件的规定。

12 标志

12.1 阀门标志应符合中国石化《通用低温阀门采购技术规范》的规定。

12.2 阀体上应标记下列内容。

12.2.1 公称尺寸。

12.2.2 公称通径和压力等级。

12.2.3 阀体材料。

12.2.4 铸造炉号或锻造批号。

12.2.5 制造商的商标。

12.2.6 介质流向。

12.2.7 泄压标志。

12.2.8 TS标记和系列号。

12.3 铭牌上应标记下列内容。

12.3.1 公称尺寸。

12.3.2 公称压力或压力等级。

12.3.3 阀体材料。

12.3.4 阀杆和密封面材料。

12.3.5 制造商名称及商标。

12.3.6 由买方提供的阀门编码。

12.3.7 TS标记。

12.3.8 产品编号。

12.3.9 其它标记要求。

13 保护、防腐、包装

13.1 阀门在检验和试验之后,应清除可能滞留在阀腔内的水,对阀门进行干燥处理。

13.2 对奥氏体不锈钢阀门酸洗、钝化处理后保留金属本色,不涂刷油漆。

13.3 对非奥氏体钢的阀门表面应涂漆,油漆的漆膜应厚度均匀,色调一致。锻钢阀门表面允许进行磷化处理。

13.4 在阀门包装前,非奥氏体钢阀门的裸露加工表面应涂上防锈保护。

13.5 应将不锈钢和碳钢、合金钢阀门分别包装,不允许混装。

13.6 所有阀门包装应考虑吊装、运输过程中整个阀门不承受导致变形的外力,且应避免盐雾海水和大气及其它外部介质的腐蚀。

13.7 阀门的连接端部应用木材、塑料或橡胶帽进行保护,以免连接端面在装运过程中受到机械损坏。

13.8 闸阀、截止阀、截止止回阀在出厂时,闸板、阀瓣应在全关闭位置,止回阀在包装和装运时应将阀瓣固定或支撑,球阀应在全开位置,蝶阀应开启4°~5°。

14 低温阀门驻厂监造主要质量控制点

14.1 文件见证点(R):由监造人员对设备材料制造过程有关文件、记录或报告进行见证而预先设定的监造质量控制点。

14.2 现场见证点(W):由监造人员对设备材料制造过程、工序、节点或结果进行现场见证而预先设定的监造质量控制点,且应包括相关文件见证点

（R）质量控制内容。

14.3 停止点（H）：由监造人员见证并签认后才可转入下一个过程、工序或节点而预先设定的监造质量控制点，应包括相关现场见证点（W）和文件见证点（R）质量控制内容。

序号	工序名称	监造内容	文件见证点（R）	现场见证点（W）	停止点（H）
1	资质、图样、工艺文件、装备检验能力、质保体系运行	1.资质审查	R		
		2.图样符合性审查	R		
		3.进度及质量检验计划审核	R		
		4.加工、焊接、热处理、无损检测等工艺文件审查	R		
		5.生产装备及检验能力审查	R		
		6.质量保证体系运行审查	R		
2	原材料	1.材质报告审查	R		
		2.铸、锻件材料复验见证		W	
		3.铸、锻件外观检查		W	
		4.铸、锻件尺寸检查		W	
		5.材质光谱复验（PMI）		W	
		6.原材料标识、可追溯性检查		W	
3	焊接	1.焊材牌号检查		W	
		2.承压件焊接过程检查		W	
		3.铸件补焊检查		W	
		4.密封面堆焊检查		W	
		5.焊缝外观质量检查		W	
4	热处理	1.热处理报告审查	R		
		2.密封面堆焊及承压焊缝热处理抽样见证		W	
		3.密封面堆焊层硬度报告审查	R		
5	无损检测	1.铸、锻件及焊缝无损检测报告审查	R		
		2.铸、锻件及焊缝无损检测抽检见证		W	
		3.密封面堆焊层、坡口无损检测抽检见证		W	
6	深冷处理	阀体、阀盖、闸板、阀瓣、阀座、球体、蝶板、阀杆、紧固件等零件深冷处理见证		W	

(续表)

序号	工序名称	监造内容	文件见证点（R）	现场见证点（W）	停止点（H）
7	尺寸及装配	1. 阀体、阀盖壁厚检查		W	
		2. 阀体结构长度、连接尺寸检查		W	
		3. 阀盖加长杆高度尺寸检查		W	
		4. 阀杆、闸板（阀瓣）、阀座尺寸及粗糙度检查		W	
		5. 填料箱表面粗糙度检查		W	
		6. 装配过程检查		W	
8	常温压力试验	常温压力试验项目、试验压力、保压时间、试验介质检查及泄漏量检测			H
9	低温性能试验	低温性能试验项目、试验温度、试验压力、保压时间、试验介质检查及泄漏量检测			H
10	驱动装置	驱动装置动作、外观质量、质量证明文件检查		W	
11	标志	1. 阀体标志内容检查		W	
		2. 铭牌标志内容检查		W	
12	外观质量、防腐、包装、质量文件	1. 外观质量检查		W	
		2. 油漆颜色、膜厚度检查		W	
		3. 清洁度和干燥检查		W	
		4. 阀门端部保护检查		W	
		5. 包装检查		W	
		6. 质量证明文件检查	R		

全焊接管道球阀监造大纲

目 录

前　言 ……………………………………………………………………… 033
1　总则 …………………………………………………………………… 034
2　图样符合性审查 ……………………………………………………… 036
3　原材料 ………………………………………………………………… 036
4　焊接 …………………………………………………………………… 038
5　热处理 ………………………………………………………………… 038
6　无损检测 ……………………………………………………………… 038
7　尺寸与装配 …………………………………………………………… 039
8　压力及功能试验 ……………………………………………………… 039
9　驱动装置 ……………………………………………………………… 040
10　标志 …………………………………………………………………… 040
11　保护、防腐、包装 …………………………………………………… 041
12　全焊接管道球阀驻厂监造主要质量控制点 ………………………… 041

前　言

《全焊接管道球阀监造大纲》是参照 GB/T 1.1—2009《标准化工作导则　第 1 部分：标准的结构和编写》给出的规则起草。

本大纲由中国石油化工集团有限公司物资装备部提出。

本大纲为首次发布。

本大纲起草单位：合肥通安工程机械设备监理有限公司。

本大纲起草人：杨景、郑庆伦、陈明健、张海波。

全焊接管道球阀监造大纲

1 总则

1.1 内容和适用范围。

1.1.1 本大纲主要规定了采购单位（或使用单位）对全焊接管道球阀制造过程监造的基本内容及要求，是委托驻厂监造的主要依据。

1.1.2 本大纲适用于石油化工工业用全焊接球阀在制造过程中的监造，同类阀门可参照使用。

1.1.3 本大纲中具体技术要求如与采购技术文件不一致时，原则上应以采购技术文件为准。

1.2 监造工作的基本要求。

1.2.1 监造人员要求。

1.2.1.1 监造人员应与所在监造单位有正式劳动合同关系。

1.2.1.2 监造人员应严格依据监造委托合同，履行监造职责，完成监造任务。

1.2.1.3 监造人员应持有不低于中国设备监理协会颁发的专业设备监理师资格证书，监造人员有二年（或以上）的监造业务经验，在相应专业岗位工作三年以上。

1.2.1.4 监造人员应熟悉监造物资的制造工艺，掌握制造过程中的质量技术要求和检验试验关键控制点。

1.2.1.5 监造人员在监造活动过程中应遵守有关保密约定和规定。

1.2.1.6 监造人员应遵守制造厂HSSE或安全生产管理制度的相关规定，严格执行劳保着装和安全防护要求。

1.2.2 监造工作程序。

1.2.2.1 监造人员在开始监造的10个工作日内，对制造厂的人员资质、生

产工艺、装备能力和质保体系运行情况进行检查和评估，并向委托方提供质量风险评估报告，明确风险等级（高、中、低、无）。

1.2.2.2 监造单位在收到采购技术文件后，10个工作日内编制完成《监造大纲》。

1.2.2.3 监造单位在获得设计相关图纸、制造工艺、质量控制计划、生产进度计划后，15日内编制完成《监造实施细则》。

1.2.2.4 监造人员应配备必要的用于平行检查且检定合格的检测器具。

1.2.2.5 监造人员应按委托方的通知或有关要求参加或组织召开预检验会议，与制造厂对接确定检验试验计划和质量控制点，并经委托方确认。

1.2.2.6 监造人员应组织制造厂质量、技术、生产及经营（项目管理）等相关部门召开监理周例会，通报监造工作情况，协调解决质量进度问题，结合生产进度计划安排后续监造工作，并形成会议纪要。

1.2.2.7 监造人员在监造实施过程中，如发现质量隐患、质量问题以及可能影响交货期的重大因素时，应及时报委托方，并以书面形式通知制造厂，要求制造厂采取有效措施予以整改，若制造厂延误或拒绝整改时，可责令其停工。

1.2.2.8 对于原材料、外购件以及外协加工、外协检测和外协检验试验等过程，监造人员应重点审查质量证明文件、外协单位资质、人员资质、工艺文件和检验试验报告等。并依据监造实施细则和检验试验计划中设置的监造访问点，实施质量控制。

1.2.2.9 实施监造的物资经现场监造人员确认符合标准规范和订单约定后按发货批次开具监造放行单，并报委托方。

1.2.2.10 全部监造工作完成后，应于30日内完成监造总结报告交付委托方。

1.3 监造单位应提交的文件资料。

1.3.1 目录（含页码）（必须）。

1.3.2 产品质量监造报告书（必须）。

1.3.3 监造工作总结（必须）。

1.3.4 监造大纲（必须）。

1.3.5 监造实施细则（必须）。

1.3.6 监造周报（必须）。

1.3.7 设计变更通知及往来函件（如有）。

1.3.8 监造工作联系单（如有）。

1.3.9 监造工程师通知单（如有）。

1.3.10 会议纪要（如有）。

1.3.11 监造放行单（必须）。

1.4 主要编制依据。

1.4.1 GB/T 26429 设备工程监理规范。

1.4.2 GB/T 19672 管线阀门技术条件。

1.4.3 API 6D 管道及管线阀门规范。

1.4.4 API 607 软密封1/4转阀门的耐火试验。

1.4.5 ASME B16.34 法兰、螺纹、焊连接的阀门。

1.4.6 Q/SHCG 12012—2017 天然气输送管道用球阀采购技术规范。

1.4.7 Q/SHCG 12016—2017 原油管道球阀采购技术规范。

1.4.8 采购技术文件。

2 图样符合性审查

2.1 产品结构设计应符合中国石化《天然气输送管道用球阀采购技术规范》《原油管道球阀采购技术规范》及相关标准的规定。

2.2 产品零部件材料选择应符合中国石化《天然气输送管道用球阀采购技术规范》《原油管道球阀采购技术规范》、采购技术文件及相关标准的规定。

2.3 产品结构长度、连接端及流道内径尺寸应符合中国石化《天然气输送管道用球阀采购技术规范》《原油管道球阀采购技术规范》、采购技术文件及相关标准的规定。

3 原材料

3.1 碳素钢应为电炉或氧气转炉冶炼的镇静钢。

3.2 除另有规定外，全焊接阀门阀体材料的化学成分应符合下列要求：钢中的C含量不大于0.22%，S含量不大于0.020%，P含量不大于0.025%，碳当量（CE）不应超过0.40%。

3.3 审查阀门零部件材料质量证明书，化学成分、力学性能、低温冲击值、硬度、热处理等内容应符合中国石化《天然气输送管道用球阀采购技术规范》《原油管道球阀采购技术规范》及相应材料标准的规定。

3.4 审查制造厂的阀门主要承压件（体、球、座、杆）材料复验报告及见证材料复验，复验结果应符合中国石化《天然气输送管道用球阀采购技术规范》《原油管道球阀采购技术规范》及相应材料标准的规定。

3.5 阀门主要承压件（体、球、座、杆）材料进厂复验项目、要求、抽样数量应依据中国石化《天然气输送管道用球阀采购技术规范》《原油管道球阀采购技术规范》的规定。

3.6 阀体、球体及阀座应采用锻钢，非不锈钢材料球体、阀座、阀杆和其它介质接触的内件表面应化学镀镍磷，球体、阀座、阀杆等承压件的化学镀镍磷的技术要求应符合中国石化《天然气输送管道用球阀采购技术规范》《原油管道球阀采购技术规范》的规定。

3.7 短管材质应与管道材质一致。短管应进行外观、化学成分、力学性能、硬度、金相组织等报告内容的审查，应符合中国石化《天然气输送管道用球阀采购技术规范》《原油管道球阀采购技术规范》及相关管材标准的规定。

3.8 锻件毛坯表面要求及缺陷处理依据中国石化《天然气输送管道用球阀采购技术规范》《原油管道球阀采购技术规范》及相关标准规定。

3.9 阀座软密封材料可选用橡胶（FKM、HNBR）、聚四氟乙烯（PTFE）或尼龙（NYLON）。压力等级大于等于Class 600阀门，橡胶密封材料应具有抗失压爆破功能，材料应符合NORSOK M-710或TOTAL GS EP PVV 142规范，其硬度应为95~98HSD。

3.10 审查焊接材料质量证明书，应符合中国石化《天然气输送管道用球阀采购技术规范》《原油管道球阀采购技术规范》及相应焊接材料标准要求。

3.11 锻件锻造比应不低于3。

3.12 其它要求按采购技术规范及相关文件执行。

4 焊接

4.1 焊接操作人员应按要求取得相关资质，并从事资质许可范围内的焊接。

4.2 阀门承压部件、短管、过渡段焊接必须有经评定合格的焊接工艺。

4.3 阀门承压部件、短管、过渡段焊接应按 ASME IX 等标准的要求进行。

4.4 阀门承压部件、短管、过渡段在焊接过程中的实际焊接参数应符合焊接工艺要求。

4.5 同一部位焊缝返修不得超过2次，阀体主焊缝只能返修1次。

4.6 阀门承压锻件的缺陷不允许补焊。

4.7 焊接缺陷的修理应依据中国石化《天然气输送管道用球阀采购技术规范》《原油管道球阀采购技术规范》的规定进行。

5 热处理

5.1 审查锻件热处理报告，材料的热处理方式应符合相应材料标准的要求。

5.2 承压焊缝应采取必要的措施如抛丸、振动时效、热处理等措施消除焊接残余应力。如承压件的焊缝不进行热处理或无法以热处理方式消除焊接应力，则制造商应提供免热处理的评估报告，以证明其使用安全。

5.3 除阀体主焊缝外，厚度不小于38mm的焊缝应进行焊后热处理。

5.4 修理焊接的热处理（如适用）应符合相应材料标准的要求。

6 无损检测

6.1 无损检测人员应按要求取得相关资质，并从事资质许可范围内的无损检测。

6.2 审查锻件无损检测报告，锻件无损检测方法及验收应依据 API 6D 标准的规定。

6.3 审查阀体与短管或过度短节与短管焊接焊缝100%射线检测及100%超

声检测报告，焊缝射线和超声检测方法及验收应依据API 6D标准的规定。

6.4 审查阀体与引出管焊后的渗透检测报告，焊缝渗透检测方法及验收应依据API 6D标准的规定。

6.5 审查阀体主焊缝与阀颈焊缝的超声及渗透检测报告，焊缝超声及渗透检测方法及验收应依据API 6D标准的规定。

7 尺寸与装配

7.1 阀体壁厚、结构长度、连接端尺寸检查，应符合采购技术文件及相应标准要求。

7.2 球体、阀座、阀杆等零件尺寸检查，应符合采购技术文件及相应标准要求。

7.3 阀体组对及阀体与短管组对尺寸检查，应符合采购技术文件及相应标准要求。

7.4 装配前应进行零部件清洁度、材质、外观检查，合格后再进行装配，装配过程应符合制造厂图纸及装配工艺要求。

8 压力及功能试验

8.1 阀体静水压试验、阀座静水压试验、低压气体阀座试验、高压气体阀座试验（如需要）应依据中国石化《天然气输送管道用球阀采购技术规范》《原油管道球阀采购技术规范》及API 6D标准进行。

8.2 阀门的DIB-1功能试验应依据API 6D标准进行，最大允许泄漏量至少应满足ISO 5208 A级泄漏要求。

8.3 阀门的DBB功能试验应依据API 6D标准进行，最大允许泄漏量至少应满足ISO 5208 A级泄漏要求。

8.4 阀体中腔泄压试验依据API 6D标准进行，泄放压力为1.1~1.33倍公称压力，复位压力应不小于1.05倍。

8.5 排空、泄放和注脂管应与阀体一起依据API 6D标准进行静水压试验。

8.6 全焊接管道球阀质量等级试验应依据API 6D标准附录J进行。

8.7 奥氏体不锈钢作为阀门组件时，应检查水质成分报告，水中氯离子含量不大于30mg/L。

8.8 低压气体阀座试验的气体介质，应为干燥、洁净的空气、氮气或其它惰性气体。

8.9 压力试验所用仪表需经过相关部门定期检定且在有效期内。

8.10 试验结束时，应将试验介质排净并吹干，保证阀腔内部干燥。

9 驱动装置

9.1 对于带驱动装置的阀门，应进行驱动装置外观质量检查及相关质量证明文件审查，应符合采购技术文件及相关标准规定。

9.2 检查阀门与驱动装置联调联试，驱动装置动作应灵活无卡阻，位置精度应满足使用要求。

9.3 电动装置的电气接线应符合要求，导线不得开裂，绝缘层不得损伤，主箱体上应有接地螺栓与标志。

9.4 电动装置防爆等级、防护等级应符合采购技术文件的规定。

10 标志

10.1 阀门的阀体和铭牌标记应符合 API 6D 标准的规定。

10.2 阀体标记应有下列内容。

10.2.1 公称尺寸。

10.2.2 公称压力或压力等级。

10.2.3 阀体材料。

10.2.4 锻造批号。

10.2.5 制造商的商标。

10.2.6 TS 标记和系列号。

10.3 铭牌标记应有下列内容。

10.3.1 公称尺寸。

10.3.2 公称压力或压力等级。

10.3.3 阀体材料。

10.3.4 阀杆和密封面材料。

10.3.5 适用温度。

10.3.6 制造商名称及商标。

10.3.7 产品系列号。

10.3.8 由买方提供的阀门代号。

10.3.9 制造日期。

11 保护、防腐、包装

11.1 阀门在检验和试验之后,应清除可能滞留在阀腔内的水,对阀门进行干燥处理。

11.2 阀门油漆应符合采购技术文件及相关标准的规定。

11.3 阀门包装前,阀门的裸露加工表面应涂上防锈保护,该防锈剂在现场条件下不会融化成液体而流失。

11.4 阀门端部应采用保护盖封闭。保护盖应由木头、木头纤维、塑料或金属制成,并用螺栓、金属箍、金属搭扣或适合的卡锁机构固定在阀门端部。保护盖的设计应确保在不拆除保护盖之前不能安装。

11.5 所有阀门包装应使阀门在吊装、运输过程中不承受导致其变形的外力,且应避免盐雾海水和大气及其它外部介质的腐蚀。

11.6 阀门应在全开启的状态下运输。

11.7 阀门出厂技术文件应与阀门一起发运。如使用包装箱运输,则应放入箱内。

12 全焊接管道球阀驻厂监造主要质量控制点

12.1 文件见证点(R):由监造人员对设备材料制造过程有关文件、记录或报告进行见证而预先设定的监造质量控制点。

12.2 现场见证点(W):由监造人员对设备材料制造过程、工序、节点或结果进行现场见证而预先设定的监造质量控制点,且应包括相关文件见证点

（R）质量控制内容。

12.3 停止点（H）：由监造人员见证并签认后才可转入下一个过程、工序或节点而预先设定的监造质量控制点，应包括相关现场见证点（W）和文件见证点（R）质量控制内容。

序号	工序名称	监造内容	文件见证点（R）	现场见证点（W）	停止点（H）
1	资质、采购技术文件、工艺文件、装备检验能力、质保体系运行	1. 资质审查	R		
		2. 采购技术文件符合性审查	R		
		3. 进度及质量检验计划审核	R		
		4. 加工、焊接、热处理、无损检测等工艺文件审查	R		
		5. 生产装备及检验能力审查	R		
		6. 质量保证体系运行审查	R		
2	原材料	1. 锻件材质报告审查	R		
		2. 锻件材质复验见证		W	
		3. 锻件外观质量检查		W	
		4. 锻件尺寸检查		W	
		5. 锻件材质光谱复验（PMI）		W	
		6. 短管材质报告审查	R		
		7. 短管材质复验见证		W	
		8. 材料标识检查		W	
3	焊接	1. 焊材牌号检查		W	
		2. 焊接过程检查		W	
		3. 焊补过程检查		W	
		4. 焊缝外观质量检查		W	
4	热处理	1. 锻件热处理报告审查	R		
		2. 焊缝消除应力热处理抽样见证		W	
		3. 修理焊接热处理见证		W	
5	无损检测	1. 锻件及焊缝无损检测报告审查	R		
		2. 锻件及焊缝无损检测抽样见证		W	

（续表）

序号	工序名称	监造内容	文件见证点（R）	现场见证点（W）	停止点（H）
6	尺寸与装配	1. 阀体壁厚检查		W	
		2. 阀体结构长度、连接尺寸检查		W	
		3. 球体、阀座、阀杆等零件尺寸检查		W	
		4. 组对尺寸检查		W	
		5. 装配过程检查		W	
7	压力及功能试验	1. 阀体静水压试验、阀座静水压试验、低压气体阀座试验、高压气体阀座试验（如有）			H
		2. DIB功能试验			H
		3. DBB功能试验			H
		4. 中腔泄压试验			H
		5. 排空、泄放和注脂管静水压试验			H
		6. 质量等级试验（如有）			H
8	驱动装置	驱动装置动作及外观质量检查		W	
9	标志	1. 阀体标志内容检查		W	
		2. 铭牌标志内容检查		W	
10	外观质量、防腐、包装、质量文件	1. 外观质量检查		W	
		2. 油漆颜色、膜厚度检查		W	
		3. 清洁度和干燥检查		W	
		4. 阀门端部保护检查		W	
		5. 包装检查		W	
		6. 质量证明文件检查	R		

加氢阀门
监造大纲

目 录

前 言 …………………………………………………………………… 047
1 总则 …………………………………………………………………… 048
2 图样符合性审查 ……………………………………………………… 050
3 原材料 ………………………………………………………………… 051
4 焊接 …………………………………………………………………… 052
5 热处理 ………………………………………………………………… 053
6 无损检测 ……………………………………………………………… 053
7 尺寸与装配 …………………………………………………………… 054
8 压力试验 ……………………………………………………………… 054
9 驱动装置 ……………………………………………………………… 055
10 标志 …………………………………………………………………… 055
11 保护、防腐、包装 …………………………………………………… 056
12 高压临氢阀门驻厂监造主要质量控制点 …………………………… 056

前 言

《加氢阀门监造大纲》是参照GB/T 1.1—2009《标准化工作导则 第1部分：标准的结构和编写》给出的规则起草。

本大纲由中国石油化工集团有限公司物资装备部提出。

本大纲为首次发布。

本大纲起草单位：合肥通安工程机械设备监理有限公司。

本大纲起草人：杨景、郑庆伦、华锁宝、周钦凯。

加氢阀门监造大纲

1 总则

1.1 内容和适用范围。

1.1.1 本大纲主要规定了采购单位（或使用单位）对加氢阀门制造过程监造的基本内容及要求，是委托驻厂监造的主要依据。

1.1.2 本大纲适用于石油化工工业用临氢闸阀、截止阀、截止止回阀、止回阀等阀门在制造过程中的监造，同类阀门可参照使用。

1.1.3 本大纲中具体技术要求如与采购技术文件不一致时，原则上应以采购技术文件为准。

1.2 监造工作的基本要求。

1.2.1 监造人员要求。

1.2.1.1 监造人员应与所在监造单位有正式劳动合同关系。

1.2.1.2 监造人员应严格依据监造委托合同，履行监造职责，完成监造任务。

1.2.1.3 监造人员应持有不低于中国设备监理协会颁发的专业设备监理师资格证书，监造人员有二年（或以上）的监造业务经验，在相应专业岗位工作三年以上。

1.2.1.4 监造人员应熟悉监造物资的制造工艺，掌握制造过程中的质量技术要求和检验试验关键控制点。

1.2.1.5 监造人员在监造活动过程中应遵守有关保密约定和规定。

1.2.1.6 监造人员应遵守制造厂HSSE或安全生产管理制度的相关规定，严格执行劳保着装和安全防护要求。

1.2.2 监造工作程序。

1.2.2.1 监造人员在开始监造的10个工作日内，对制造厂的人员资质、生

产工艺、装备能力和质保体系运行情况进行检查和评估，并向委托方提供质量风险评估报告，明确风险等级（高、中、低、无）。

1.2.2.2　监造单位在收到采购技术文件后，10个工作日内编制完成《监造大纲》。

1.2.2.3　监造单位在获得设计相关图样、制造工艺、质量控制计划、生产进度计划后，15日内编制完成《监造实施细则》。

1.2.2.4　监造人员应配备必要的用于平行检查且检定合格的检测器具。

1.2.2.5　监造人员应按委托方的通知或有关要求参加或组织召开预检验会议，与制造厂对接确定检验试验计划和质量控制点，并经委托方确认。

1.2.2.6　监造人员应组织制造厂质量、技术、生产及经营（项目管理）等相关部门召开监理周例会，通报监造工作情况，协调解决质量进度问题，结合生产进度计划安排后续监造工作，并形成会议纪要。

1.2.2.7　监造人员在监造实施过程中，如发现质量隐患、质量问题以及可能影响交货期的重大因素时，应及时报委托方，并以书面形式通知制造厂，要求制造厂采取有效措施予以整改，若制造厂延误或拒绝整改时，可责令其停工。

1.2.2.8　对于原材料、外购件以及外协加工、外协检测和外协检验试验等过程，监造人员应重点审查质量证明文件、外协单位资质、人员资质、工艺文件和检验试验报告等。并依据监造实施细则和检验试验计划中设置的监造访问点，实施质量控制。

1.2.2.9　实施监造的物资经现场监造人员确认符合标准规范和订单约定后按发货批次开具监造放行单，并报委托方。

1.2.2.10　全部监造工作完成后，应于30日内完成监造总结报告交付委托方。

1.3　监造单位应提交的文件资料。

1.3.1　目录（含页码）（必须）。

1.3.2　产品质量监造报告书（必须）。

1.3.3　监造工作总结（必须）。

1.3.4　监造大纲（必须）。

1.3.5 监造实施细则（必须）。

1.3.6 监造周报（必须）。

1.3.7 设计变更通知及往来函件（如有）。

1.3.8 监造工作通知单（如有）。

1.3.9 监造工作联系单（如有）。

1.3.10 会议纪要（如有）。

1.3.11 监造放行单（必须）。

1.4 主要编制依据。

1.4.1 GB/T 26429 设备工程监理规范。

1.4.2 API 600 法兰和对焊连接钢制闸阀。

1.4.3 API 602 公称尺寸小于和等于 $DN100$ 的钢制闸阀、截止阀、止回阀。

1.4.4 BS 1868 石油、石化及相关工业用法兰端和焊接端钢制止回阀。

1.4.5 BS 1873 石油、石化及相关工业用法兰端和焊接端钢制截止阀和截止止回阀。

1.4.6 ASME B16.34 法兰、螺纹、焊连接的阀门。

1.4.7 API 598 阀门检验与试验。

1.4.8 ISO 15848 工业阀门微泄漏之测量、试验、鉴定程序。

1.4.9 ASTM E94 射线照相检验标准指南。

1.4.10 ASTM E165 液体渗透检验方法。

1.4.11 ASTM A388 大型锻钢件超声检测方法。

1.4.12 Q/SHCG 11009—2016 加氢装置用高压临氢阀门采购技术规范。

1.4.13 采购技术文件。

2 图样符合性审查

2.1 产品结构设计应符合中国石化《加氢装置用高压临氢阀门采购技术规范》及相关标准的规定。

2.2 产品零部件材料选择应符合中国石化《加氢装置用高压临氢阀门采购技术规范》及相关标准的规定。

2.3 产品结构长度、连接端、壁厚及通道尺寸应符合中国石化《加氢装置用高压临氢阀门采购技术规范》及相关标准的规定。

3 原材料

3.1 碳素钢锻坯应采用电炉加VOD或更好的方法冶炼，奥氏体不锈钢锻坯应采用电炉加AOD或更好的方法冶炼。铸钢件的冶炼方法应采用电弧炉或中频感应电炉冶炼，在出钢前应对钢液采用VOD或AOD炉或更好的方法精炼处理。

3.2 审查阀门零部件材料质量证明书，化学成分、力学性能、硬度、热处理等内容应符合中石化《加氢装置用高压临氢阀门采购技术规范》及相应材料标准的规定。

3.2.1 碳钢阀门应选用优质碳素钢，锻材选用ASTM A105；铸材选用ASTM A216 WCB、WCC，钢中的S含量不大于0.015%，P含量不大于0.020%；对焊连接阀门用WCB和WCC材料，C含量不大于0.23%；碳当量（CE）不大于0.40%。

3.2.2 铬钼钢阀门应选用低硫、低磷，钢中的S含量不大于0.015%，P含量不大于0.020%，锻材选用ASTM A182 F11 Class2、F22 Class3；铸材选用ASTM A217 WC6、WC9。

3.2.3 不锈钢阀门应选用含合金元素Nb或Ti的优质稳定化不锈钢，S含量不大于0.015%，P含量不大于0.030%。锻材选用ASTM A182 F321、F347；铸材选用ASTM A351 CF8C。

3.2.4 依据炉批号抽样见证零部件（体、盖、板、瓣、座、杆、紧固件）材料复验，复验结果应符合中国石化《加氢装置用高压临氢阀门采购技术规范》及相应材料标准的规定。

3.3 审查材料金相组织报告。

3.3.1 材料金相组织应无枝晶和柱状晶组织。

3.3.2 非金属夹杂物评定方法执行ASTM E45的规定，非金属夹杂物级别应符合《加氢装置用高压临氢阀门采购技术规范》的规定。

3.3.3 锻件晶粒度级别应符合《加氢装置用高压临氢阀门采购技术规范》的规定。

3.3.4 锻件不允许有大于 ASTM E45 中 2.5 级偏析和带状不均匀组织。

3.3.5 不允许有条状夹渣和裂纹。

3.3.6 不允许有大于 0.5 级的 DS 类夹杂物存在。

3.3.7 奥氏体不锈钢金相组织中铁素体含量应控制在 5% ~ 12% 范围内。

3.4 审查焊接材料质量证明书，应符合相应焊接材料标准的规定。

3.5 短管在焊接前应进行外观、化学成分、力学性能、硬度、金相组织、晶间腐蚀、无损检测等检查，应符合《加氢装置用高压临氢阀门采购技术规范》及相关管材标准的规定。

3.6 锻件质量检查及缺陷处理应符合《加氢装置用高压临氢阀门采购技术规范》及相关标准规定。

3.7 铸件质量检查及缺陷处理应符合《加氢装置用高压临氢阀门采购技术规范》及相关标准规定。

3.8 锻件锻造比应不低于 3。

3.9 其它要求按采购技术规范及相关文件执行。

4 焊接

4.1 铸件补焊、密封面堆焊、阀体自密封堆焊及短管焊接必须有经评定合格的焊接工艺。

4.2 密封面堆焊层加工后应进行渗透检测，依据《加氢装置用高压临氢阀门采购技术规范》及采购技术文件规定的相关标准要求验收合格。

4.3 密封面堆焊层高度应符合采购技术文件及相关标准的规定。

4.4 密封面堆焊层应进行硬度检查，有硬度差要求的应符合采购技术文件及相关标准规定。

4.5 短管与阀体焊接过程应符合焊接工艺要求，焊后应进行热处理，所有焊缝应进行 100% 射线检测及 100% 磁粉检测（碳钢、合金钢）或 100% 渗透检测（奥氏体不锈钢）。焊缝及热影响区应进行 100% 硬度检测，碳钢不超过

200HB，合金钢不超过225HB。

5 热处理

5.1 审查铸、锻件热处理报告，碳钢应进行"正火"热处理；铬－钼合金钢应进行"正火加回火"热处理；奥氏体不锈钢应进行"固溶热处理"；稳定型奥氏体不锈钢应进行"固溶加稳定化热处理"；沉淀硬化型不锈钢应进行"固溶加时效热处理"。

5.2 铸件补焊热处理应依据中国石化《加氢装置用高压临氢阀门采购技术规范》及制造厂相关工艺进行。

5.3 抽样见证密封副和阀体自密封处堆焊后热处理，应依据制造厂热处理工艺要求进行。

5.4 审查短管与阀体焊接后热处理报告，焊后热处理应依据《加氢装置用高压临氢阀门采购技术规范》。

5.5 审查不锈钢铸、锻件晶间腐蚀试验报告，制造厂应按批号依据ASTM A262中的E法进行晶间腐蚀试验，结果应无晶间腐蚀倾向。

5.6 不锈钢铸、锻件非加工表面应进行酸洗钝化处理。

6 无损检测

6.1 审查铸、锻件无损检测报告，铸、锻件无损检测方法依据ASTM E94《射线照相检验标准指南》、ASTM E709《磁粉检验推荐标准》、ASTM E165—2012《液体渗透检验方法》、ASTM A388《大型锻钢件超声检测方法》，验收依据《加氢装置用高压临氢阀门采购技术规范》。

6.2 审查短管与阀体焊接焊缝射线检测、磁粉检测及渗透检测报告，无损检测方法应执行ASTM E94《射线照相检验标准指南》、ASTM E709《磁粉检验推荐标准》、ASTM E165《液体渗透检验方法》，验收依据《加氢装置用高压临氢阀门采购技术规范》。

6.3 审查密封面渗透检测报告，抽样见证密封面渗透检测，无损检测方法依据ASTM E165《液体渗透检验方法》，验收依据《加氢装置用高压临氢阀门采购技术规范》。

6.4 审查对焊坡口无损检测报告，无损检测方法依据 ASTM E94《射线照相检验标准指南》、ASTM E709《磁粉检验推荐标准》、ASTM E165《液体渗透检验方法》，验收依据《加氢装置用高压临氢阀门采购技术规范》。

7 尺寸与装配

7.1 阀体、阀盖及其它零部件尺寸与粗糙度检查，应符合采购技术文件、中国石化《加氢装置用高压临氢阀门采购技术规范》及相关标准要求。

7.2 装配前应进行零部件清洁度、材质、外观质量检查，合格后再进行装配，装配过程应符合制造厂装配工艺要求。

8 压力试验

8.1 按照中国石化《加氢装置用高压临氢阀门采购技术规范》及 API 598《阀门检验与试验》等标准进行压力试验。

8.2 奥氏体不锈钢阀门水压试验前，应检查水质成分报告，水中氯离子含量不得超过 50mg/L。

8.3 气密封试验的气体介质，应为干燥、洁净的空气、氮气或其它惰性气体。

8.4 阀门壳体强度试验、高压液体密封试验、上密封试验（如有）、低压气密封试验和高压气体强度试验压力依据中国石化《加氢装置用高压临氢阀门采购技术规范》和 API 598 标准的规定。

8.5 阀门壳体强度试验、高压液体密封试验、上密封试验（如有）、低压气密封试验的保压持续时间为 API 598 标准规定的 2 倍时间。

8.6 阀门高压气体强度试验应在壳体水压试验合格后才能进行。闸阀、截止阀、截止止回阀、止回阀高压气体强度试验时压力级 Class900 及 Class1500 的阀门试验气体压力按 API 598 的规定，对压力级 Class2500 及以上的阀门试验气体压力为 42MPa，保压时间均为 API 598 标准规定的 2 倍时间。

8.7 阀门微泄漏试验按 ISO 15848-2 的规定进行，B 级合格。

8.8 试验结束时,应将试验介质排净并吹干,保证阀腔内部干燥。

9 驱动装置

9.1 对于带驱动装置的阀门,应进行驱动装置外观质量检查及相关质量证明文件审查,应符合采购技术文件及相关标准规定。

9.2 应检查阀门与驱动装置联调联试,驱动装置动作应灵活无卡阻,位置精度应满足使用要求。

9.3 电动装置的电气接线应符合要求,导线不得开裂,绝缘层不得损伤,主箱体上应有接地螺栓与标志。

9.4 电动装置防爆等级、防护等级应符合采购技术文件的规定。

10 标志

10.1 阀门标志应符合中国石化《加氢装置用高压临氢阀门采购技术规范》的规定。

10.2 阀体上应标志下列内容。

10.2.1 公称尺寸。

10.2.2 公称压力或压力等级。

10.2.3 阀体材料。

10.2.4 铸造炉号或锻造批号。

10.2.5 制造商的商标。

10.2.6 介质流向(截止阀、截止止回阀、止回阀)。

10.2.7 TS标记和系列号。

10.3 铭牌上应标志下列内容。

10.3.1 公称尺寸。

10.3.2 公称压力或压力等级。

10.3.3 阀体材料。

10.3.4 阀杆和密封面材料。

10.3.5 制造商名称及商标。

10.3.6 由买方提供的阀门编码。

10.3.7 对焊端阀门端部壁厚或表号。

10.3.8 TS标记。

10.3.9 其它标记要求。

11 保护、防腐、包装

11.1 阀门在检验和试验之后，应清除可能滞留在阀腔内的水，对阀门进行干燥处理。

11.2 对奥氏体不锈钢阀门酸洗、钝化处理后保留金属本色，不涂刷油漆。

11.3 对非奥氏体钢的阀门表面应涂漆，油漆的漆膜应厚度均匀，色调一致。锻钢阀门表面允许进行磷化处理。

11.4 在阀门包装前，非奥氏体钢阀门的裸露加工表面应涂上防锈保护。

11.5 应将不锈钢和碳钢、合金钢阀门分别包装，不允许混装。

11.6 所有阀门包装应考虑吊装、运输过程中整个阀门不承受导致变形的外力，且应避免盐雾海水和大气及其它外部介质的腐蚀。

11.7 阀门的连接端部应用木材、塑料或橡胶帽进行保护，以免连接端面在装运过程中受到机械损坏。

11.8 闸阀、截止阀、截止止回阀在出厂时，闸板、阀瓣应在全关闭位置，止回阀在包装和装运时应将阀瓣固定或支撑。

11.9 阀门出厂技术文件应与阀门一起发运，如使用包装箱运输，则应放入箱内。

12 高压临氢阀门驻厂监造主要质量控制点

12.1 文件见证点（R）：由监造人员对设备材料制造过程有关文件、记录或报告进行见证而预先设定的监造质量控制点。

12.2 现场见证点（W）：由监造人员对设备材料制造过程、工序、节点或结果进行现场见证而预先设定的监造质量控制点，且应包括相关文件见证点（R）质量控制内容。

12.3 停止点（H）：由监造人员见证并签认后才可转入下一个过程、工序或节点而预先设定的监造质量控制点，应包括相关现场见证点（W）和文件见证点（R）质量控制内容。

序号	工序名称	监造内容	文件见证（R）	现场见证（W）	停止点（H）
1	资质、图样、工艺文件、装备检验能力、质保体系运行	1. 资质审查	R		
		2. 图样符合性审查	R		
		3. 进度及质量检验计划审核	R		
		4. 加工、焊接、热处理、无损检测等工艺文件审查	R		
		5. 生产装备及检验能力审查	R		
		6. 质量保证体系运行审查	R		
2	原材料	1. 材质报告审查	R		
		2. 铸、锻件材料复验见证		W	
		3. 铸、锻件外观检查		W	
		4. 铸、锻件尺寸检查		W	
		5. 材质光谱复验（PMI）		W	
		6. 原材料标识、可追溯性检查		W	
3	焊接	1. 焊材牌号检查		W	
		2. 短管焊接过程检查		W	
		3. 铸件补焊检查		W	
		4. 密封面堆焊及厚度检查		W	
		5. 焊缝外观质量检查		W	
4	热处理	1. 热处理报告审查	R		
		2. 密封面堆焊及短管焊缝热处理抽样见证		W	
		3. 密封面堆焊层及短管焊缝硬度报告审查	R		
5	无损检测	1. 铸、锻件及焊缝无损检测报告审查	R		
		2. 铸、锻件及焊缝无损检测抽检见证		W	
		3. 密封面堆焊层、坡口无损检测抽检见证		W	

（续表）

序号	工序名称	监造内容	文件见证（R）	现场见证（W）	停止点（H）
6	尺寸及装配	1. 阀体、阀盖壁厚检查		W	
		2. 阀体结构长度、连接尺寸检查		W	
		3. 阀体、阀盖、阀杆、闸板（阀瓣）、阀座尺寸及粗糙度检查		W	
		4. 紧固件尺寸检查		W	
		5. 装配过程检查		W	
7	压力试验	1. 常规压力试验项目、试验压力、保压时间、试验介质检查及泄漏量检测			H
		2. 高压气体强度试验压力、保压时间、试验介质检查			H
		3. 微泄漏试验（氦检）压力、保压时间、试验介质检查及泄漏量检测			H
8	驱动装置	驱动装置动作、外观质量、质量证明文件检查		W	
9	标志	1. 阀体标志内容检查		W	
		2. 铭牌标志内容检查		W	
10	外观质量、防腐、包装、质量文件	1. 外观质量检查		W	
		2. 油漆颜色、膜厚度检查		W	
		3. 清洁度和干燥检查		W	
		4. 阀门端部保护检查		W	
		5. 包装检查		W	
		6. 质量证明文件检查	R		

抗 H_2S 阀门监造大纲

目 录

前　言 ··· 061
1　总则 ··· 062
2　图样符合性审查 ··· 064
3　原材料 ··· 065
4　焊接 ··· 066
5　热处理 ··· 067
6　无损检测 ·· 067
7　尺寸与装配 ··· 068
8　压力试验 ·· 068
9　驱动装置 ·· 069
10　标志 ··· 069
11　保护、防腐、包装 ··· 070
12　抗 H_2S 阀门驻厂监造主要质量控制点 ·································· 070

前　言

《抗 H_2S 阀门监造大纲》是参照 GB/T 1.1—2009《标准化工作导则　第1部分：标准的结构和编写》给出的规则起草。

本大纲由中国石油化工集团有限公司物资装备部提出。

本大纲为首次发布。

本大纲起草单位：合肥通安工程机械设备监理有限公司。

本大纲起草人：杨景、郑庆伦、陈明健、李星华。

抗H_2S阀门监造大纲

1 总则

1.1 内容和适用范围。

1.1.1 本大纲主要规定了采购单位(或使用单位)对抗H_2S阀门制造过程监造的基本内容及要求,是委托驻厂监造的主要依据。

1.1.2 本大纲适用于石油化工工业抗H_2S介质用闸阀、截止阀、止回阀、球阀等阀门的制造过程监造,同类阀门可参照使用。

1.1.3 本大纲中具体技术要求如与采购技术文件不一致时,原则上应以采购技术文件为准。

1.2 监造工作的基本要求。

1.2.1 监造人员要求。

1.2.1.1 监造人员应与所在监造单位有正式劳动合同关系。

1.2.1.2 监造人员应严格依据监造委托合同,履行监造职责,完成监造任务。

1.2.1.3 监造人员应持有不低于中国设备监理协会颁发的专业设备监理师资格证书,监造人员有二年(或以上)的监造业务经验,在相应专业岗位工作三年以上。

1.2.1.4 监造人员应熟悉监造物资的制造工艺,掌握制造过程中的质量技术要求和检验试验关键控制点。

1.2.1.5 监造人员在监造活动过程中应遵守有关保密约定和规定。

1.2.1.6 监造人员应遵守制造厂HSSE或安全生产管理制度的相关规定,严格执行劳保着装和安全防护要求。

1.2.2 监造工作程序。

1.2.2.1 监造人员在开始监造的10个工作日内,对制造厂的人员资质、生产工艺、装备能力和质保体系运行情况进行检查和评估，并向委托方提供质量风险评估报告，明确风险等级（高、中、低、无）。

1.2.2.2　监造单位在收到采购技术文件后，10个工作日内编制完成《监造大纲》。

1.2.2.3　监造单位在获得设计相关图样、制造工艺、质量控制计划、生产进度计划后，15日内编制完成《监造实施细则》。

1.2.2.4　监造人员应配备必要的用于平行检查且检定合格的检测器具。

1.2.2.5　监造人员应按委托方的通知或有关要求参加或组织召开预检验会议，与制造厂对接确定检验试验计划和质量控制点，并经委托方确认。

1.2.2.6　监造人员应组织制造厂质量、技术、生产及经营（项目管理）等相关部门召开监理周例会，通报监造工作情况，协调解决质量进度问题，结合生产进度计划安排后续监造工作，并形成会议纪要。

1.2.2.7　监造人员在监造实施过程中，如发现质量隐患、质量问题以及可能影响交货期的重大因素时，应及时报委托方，并以书面形式通知制造厂，要求制造厂采取有效措施予以整改，若制造厂延误或拒绝整改时，可责令其停工。

1.2.2.8　对于原材料、外购件以及外协加工、外协检测和外协检验试验等过程，监造人员应重点审查质量证明文件、外协单位资质、人员资质、工艺文件和检验试验报告等。并依据监造实施细则和检验试验计划中设置的监造访问点，实施质量控制。

1.2.2.9　实施监造的物资经现场监造人员确认符合标准规范和订单约定后按发货批次开具监造放行单，并报委托方。

1.2.2.10　全部监造工作完成后，应于30日内完成监造总结报告交付委托方。

1.3　监造单位应提交的文件资料。

1.3.1　目录（含页码）（必须）。

1.3.2　产品质量监造报告书（必须）。

1.3.3　监造工作总结（必须）。

1.3.4　监造大纲（必须）。

1.3.5 监造实施细则（必须）。

1.3.6 监造周报（必须）。

1.3.7 设计变更通知及往来函件（如有）。

1.3.8 监造工作联系单（如有）。

1.3.9 监造工程师通知单（如有）。

1.3.10 会议纪要（如有）。

1.3.11 监造放行单（必须）。

1.4 主要编制依据。

1.4.1 GB/T 26429 设备工程监理规范。

1.4.2 API 600 法兰和对焊连接钢制闸阀。

1.4.3 API 602 公称尺寸小于和等于DN100的钢制闸阀、截止阀、止回阀。

1.4.4 BS 1868 石油、石化及相关工业用法兰端和焊接端钢制止回阀。

1.4.5 BS 1873 石油、石化及相关工业用法兰端和焊接端钢制截止阀和截止回阀。

1.4.6 ASME B16.34 法兰、螺纹、焊连接的阀门。

1.4.7 API 598 阀门检验与试验。

1.4.8 ISO 15848 工业阀门微泄漏之测量、试验、鉴定程序。

1.4.9 ASTM E94 射线照相检验标准指南。

1.4.10 ASTM E165 液体渗透检验方法。

1.4.11 ASTM A388 大型锻钢件超声检测方法。

1.4.12 NACE 0103 腐蚀性石油炼制环境中抗硫化物应力腐蚀开裂材料选择。

1.4.13 NACE 0175 油田设备抗硫化物应力腐蚀断裂和应力腐蚀裂纹金属材料。

1.4.14 Q/SHCG 11009—2016《加氢装置用高压临氢阀门采购技术规范》。

1.4.15 采购技术文件。

2 图样符合性审查

2.1 产品结构设计应符合采购技术文件及相关标准的规定。

2.2 产品零部件材料选择应符合采购技术文件及相关标准的规定。

2.3 产品结构长度、连接端及通道尺寸应符合采购技术文件及相关标准的规定。

3 原材料

3.1 碳素钢锻坯应采用电炉加 VOD 或更好的方法冶炼，奥氏体不锈钢锻坯应采用电炉加 AOD 或更好的方法冶炼。铸钢件的冶炼方法应采用电弧炉或中频感应电炉冶炼，在出钢前应对钢液采用 VOD 或 AOD 炉或更好的方法精炼处理。

3.2 审查阀门零部件材料质量证明书，化学成分、力学性能、金相、硬度、热处理等内容应符合中石化《加氢装置用高压临氢阀门采购技术规范》及相应材料标准的规定。其中碳钢材料应以正火组织状态供货，元素质量分数（%）应满足：$S<0.015\%$、$P<0.02\%$、碳当量（CE）应不大于 0.42%，其中 $CE=C+Mn/6+（Cr+Mo+V）/5+（Ni+Cu）/15$；如需焊接则焊后母材焊缝及其热影响区的硬度不超过母材的 120%，且不超过 200HB。

3.3 依据炉批号抽样见证零部件（体、盖、板、瓣、杆、紧固件）材料复验，复验结果应符合中国石化《加氢装置用高压临氢阀门采购技术规范》及相应材料标准的规定。

3.4 审查材料金相组织报告。

3.4.1 材料金相组织应无枝晶和柱状晶组织。

3.4.2 非金属夹杂物评定方法执行 ASTM E45 的规定，非金属夹杂物级别应符合中国石化《加氢装置用高压临氢阀门采购技术规范》的规定。

3.4.3 锻件晶粒度级别应符合中国石化《加氢装置用高压临氢阀门采购技术规范》的规定。

3.4.4 锻件不允许有大于 ASTM E45 中 2.5 级偏析和带状不均匀组织。

3.4.5 铸、锻件不允许有条状夹渣和裂纹。

3.4.6 铸、锻件不允许有大于 0.5 级的 DS 类夹杂物存在。

3.4.7 奥氏体不锈钢金相组织中铁素体含量应控制在 5%～12% 范围内。

3.5 审查焊接材料质量证明书，应符合中国石化《加氢装置用高压临氢阀门采购技术规范》及焊接材料标准的规定。

3.6 短管在焊接前应进行外观、化学成分、力学性能、硬度、金相组织、晶间腐蚀、无损检测等检查，应符合中国石化《加氢装置用高压临氢阀门采购技术规范》及相应管材标准的规定。

3.7 短管材质选择、焊接要求及焊后热处理方式应符合中国石化《加氢装置用高压临氢阀门采购技术规范》及相关材料标准的规定。

3.8 阀杆最大硬度应不大于35HRC。

3.9 锻件质量检查及缺陷处理应符合中国石化《加氢装置用高压临氢阀门采购技术规范》及相关标准规定。

3.10 铸件质量检查及缺陷处理应符合中国石化《加氢装置用高压临氢阀门采购技术规范》及相关标准规定。

3.11 锻件锻造比应不低于3。

3.12 其它要求按采购技术规范及相关文件执行。

4 焊接

4.1 铸件补焊、密封面堆焊、阀体自密封堆焊及短管焊接必须有经评定合格的焊接工艺。

4.2 密封面材料规定使用stellite合金时应使用21#合金，且最大硬度不大于35HRC。

4.3 密封面堆焊层加工后应进行渗透检测，依据中国石化《加氢装置用高压临氢阀门采购技术规范》及图样规定的相关标准要求验收合格。

4.4 密封面堆焊层高度应符合图样及相关标准的规定。

4.5 密封面堆焊层应进行硬度检查，有硬度差要求的应符合图样及相关标准规定。

4.6 母材及焊缝表面不得有深度大于0.5mm尖锐缺陷存在。

4.7 短管与阀体焊接过程应符合焊接工艺要求，焊后应进行热处理，所有焊缝应进行100%射线检测及100%磁粉检测（碳钢、合金钢）或100%渗透检测（奥氏体不锈钢）。焊缝及热影响区应进行100%硬度检测，碳钢焊缝及其热影响区的硬度不超过母材的120%，且不超过200HB，合金钢焊缝硬度不超过225HB。

5 热处理

5.1 审查铸、锻件热处理报告，碳钢应进行"正火"热处理；铬－钼合金钢应进行"正火加回火"热处理；奥氏体不锈钢应进行"固溶热处理"；稳定型奥氏体不锈钢应进行"固溶加稳定化热处理"；沉淀硬化型不锈钢应进行"固溶加时效热处理"。

5.2 铸件补焊热处理应依据中国石化《加氢装置用高压临氢阀门采购技术规范》、相关标准及制造厂相关工艺进行。

5.3 抽样见证密封副和阀体自密封处堆焊后热处理，应依据制造厂热处理工艺要求进行。

5.4 审查短管与阀体焊后热处理报告，焊后热处理应依据中国石化《加氢装置用高压临氢阀门采购技术规范》、相关标准及制造厂相关工艺进行。

5.5 审查不锈钢铸、锻件晶间腐蚀试验报告，制造厂应按批号依据ASTM A262中的E法进行晶间腐蚀试验，结果应无晶间腐蚀倾向。

5.6 不锈钢铸、锻件非加工表面应进行酸洗钝化处理。

6 无损检测

6.1 审查铸、锻件无损检测报告，铸、锻件无损检测方法依据ASTM E94《射线照相检验标准指南》、ASTM E709《磁粉检验推荐标准》、ASTM E165—2012《液体渗透检验方法》、ASTM A388《大型锻钢件超声检测方法》，验收依据中国石化《加氢装置用高压临氢阀门采购技术规范》及相关标准的规定。

6.2 审查短管与阀体焊接焊缝射线检测、磁粉检测及渗透检测报告，无损检测方法应执行ASTM E94《射线照相检验标准指南》、ASTM E709《磁粉检验推荐标准》、ASTM E165《液体渗透检验方法》，验收依据中国石化《加氢装置用高压临氢阀门采购技术规范》及相关标准的规定。

6.3 审查密封面渗透检测报告，抽样见证密封面渗透检测，无损检测方法依据 ASTM E165《液体渗透检验方法》，验收依据中国石化《加氢装置用高压临氢阀门采购技术规范》及相关标准的规定。

6.4 审查对焊坡口无损检测报告，无损检测方法依据 ASTM E94《射线照相检验标准指南》、ASTM E709《磁粉检验推荐标准》、ASTM E165《液体渗透检验方法》，验收依据中国石化《加氢装置用高压临氢阀门采购技术规范》及相关标准的规定。

7 尺寸与装配

7.1 阀体、阀盖及其它零部件尺寸与粗糙度检查，应符合图样、中国石化《加氢装置用高压临氢阀门采购技术规范》、及相关标准要求。

7.2 装配前应进行零部件清洁度、材质、外观质量检查，合格后再进行装配，装配过程应符合制造厂图样及装配工艺要求。

8 压力试验

8.1 按照采购技术文件及 API 598《阀门检验与试验》等标准进行压力试验。

8.2 奥氏体不锈钢阀门水压试验前，应检查水质成分报告，水中氯离子含量不得超过 50mg/L。

8.3 气密封试验的气体介质，应为干燥、洁净的空气、氮气或其它惰性气体。

8.4 阀门壳体强度试验、高压液体密封试验（含上密封试验）、低压气密封试验和高压气体强度试验压力依据采购技术文件和 API 598 等标准的规定。

8.5 阀门壳体强度试验、高压液体密封试验（含上密封试验）、低压气密封试验的保压持续时间为 API 598 等标准规定时间的 2 倍。

8.6 阀门高压气体强度试验应在壳体水压试验合格后才能进行。闸阀、截止阀、截止止回阀、止回阀高压气体强度试验时压力级 Class900 及 Class1500 的阀门试验气体压力按 API598 的规定，对压力级 Class2500 及以上的阀门试验气体压力为42MPa，保压时间均为API 598标准规定时间的2倍。

8.7 阀门微泄漏试验按标准ISO 15848-2的规定进行，B级合格。

8.8 试验结束时，应将试验介质排净并吹干，保证阀腔内部干燥。

9 驱动装置

9.1 对于带驱动装置的阀门，应进行驱动装置外观质量检查及相关质量证明文件审查，应符合采购技术文件及相关标准规定。

9.2 应检查阀门与驱动装置联调联试，驱动装置动作应灵活无卡阻，位置精度应满足使用要求。

9.3 电动装置的电气接线应符合要求，导线不得开裂，绝缘层不得损伤，主箱体上应有接地螺栓与标志。

9.4 电动装置防爆等级、防护等级应符合采购技术文件的规定。

10 标志

10.1 阀门标志应符合采购技术文件及相关标准规定。

10.2 阀体上应标志下列内容。

10.2.1 公称尺寸。

10.2.2 公称压力或压力等级。

10.2.3 阀体材料。

10.2.4 铸造炉号或锻造批号。

10.2.5 制造商的商标。

10.2.6 介质流向（截止阀、截止止回阀、止回阀）。

10.2.7 TS标记和系列号。

10.3 铭牌上应标志下列内容。

10.3.1 公称尺寸。

10.3.2 公称压力或压力等级。

10.3.3 阀体材料。

10.3.4 阀杆和密封面材料。

10.3.5　制造商名称及商标。

10.3.6　由买方提供的阀门编码。

10.3.7　对焊端阀门端部壁厚或表号。

10.3.8　TS标记。

10.3.9　其它标记要求。

11　保护、防腐、包装

11.1　阀门在检验和试验之后，应清除可能滞留在阀腔内的水，对阀门进行干燥处理。

11.2　对奥氏体不锈钢阀门酸洗、钝化处理后保留金属本色，不涂刷油漆。

11.3　对非奥氏体钢的阀门表面应涂漆，油漆的漆膜应厚度均匀，色调一致。锻钢阀门表面允许进行磷化处理。

11.4　在阀门包装前，非奥氏体钢阀门的裸露加工表面应涂上防锈保护。

11.5　应将不锈钢和碳钢、合金钢阀门分别包装，不允许混装。

11.6　所有阀门包装应考虑吊装、运输过程中整个阀门不承受导致变形的外力，且应避免盐雾海水和大气及其它外部介质的腐蚀。

11.7　阀门的连接端部应用木材、塑料或橡胶帽进行保护，以免连接端面在装运过程中受到机械损坏。

11.8　闸阀、截止阀、截止止回阀在出厂时，闸板、阀瓣应在全关闭位置，止回阀在包装和装运时应将阀瓣固定或支撑。

11.9　阀门出厂技术文件应与阀门一起发运，如使用包装箱运输，则应放入箱内。

12　抗H_2S阀门驻厂监造主要质量控制点

12.1　文件见证点（R）：由监造人员对设备材料制造过程有关文件、记录或报告进行见证而预先设定的监造质量控制点。

12.2　现场见证点（W）：由监造人员对设备材料制造过程、工序、节点或结果进行现场见证而预先设定的监造质量控制点，且应包括相关文件见证点

（R）质量控制内容。

12.3 停止点（H）：由监造人员见证并签认后才可转入下一个过程、工序或节点而预先设定的监造质量控制点，应包括相关现场见证点（W）和文件见证点（R）质量控制内容。

序号	工序名称	监造内容	文件见证（R）	现场见证（W）	停止点（H）
1	资质、图样、工艺文件、装备检验能力、质保体系运行	1. 资质审查	R		
		2. 图样符合性审查	R		
		3. 进度及质量检验计划审核	R		
		4. 加工、焊接、热处理、无损检测等工艺文件审查	R		
		5. 生产装备及检验能力审查	R		
		6. 质量保证体系运行审查	R		
2	原材料	1. 材质报告审查	R		
		2. 铸、锻件材料复验见证		W	
		3. 铸、锻件外观检查		W	
		4. 铸、锻件尺寸检查		W	
		5. 材质光谱复验（PMI）		W	
		6. 原材料标识、可追溯性检查		W	
3	焊接	1. 焊材牌号检查		W	
		2. 短管焊接过程检查		W	
		3. 铸件补焊检查		W	
		4. 密封面堆焊及厚度检查		W	
		5. 焊缝外观质量检查		W	
4	热处理	1. 热处理报告审查	R		
		2. 密封面堆焊及短管焊缝热处理抽样见证		W	
		3. 密封面堆焊层及短管焊缝硬度报告审查	R		
5	无损检测	1. 铸、锻件及焊缝无损检测报告审查	R		
		2. 铸、锻件及焊缝无损检测抽检见证		W	
		3. 密封面堆焊层、坡口无损检测抽检见证		W	

（续表）

序号	工序名称	监造内容	文件见证（R）	现场见证（W）	停止点（H）
6	尺寸及装配	1. 阀体、阀盖壁厚检查		W	
		2. 阀体结构长度、连接尺寸检查		W	
		3. 阀体、阀盖、阀杆、闸板（阀瓣）、阀座尺寸及粗糙度检查		W	
		4. 填料箱表面粗糙度检查		W	
		5. 紧固件尺寸检查		W	
		6. 装配过程检查		W	
7	压力试验	1. 常规压力试验项目、试验压力、保压时间、试验介质检查及泄漏量检测			H
		2. 高压气体强度试验压力、保压时间、试验介质检查			H
		3. 微泄漏试验（氦检）压力、保压时间、试验介质检查及泄漏量检测			H
8	驱动装置	驱动装置动作、外观质量、质量证明文件检查		W	
9	标志	1. 阀体标志内容检查		W	
		2. 铭牌标志内容检查		W	
10	外观质量、防腐、包装、质量文件	1. 外观质量检查		W	
		2. 油漆颜色、膜厚度检查		W	
		3. 清洁度和干燥检查		W	
		4. 阀门端部保护检查		W	
		5. 包装检查		W	
		6. 质量证明文件检查	R		

钢制管件
监造大纲

目 录

前 言 ·· 075
1 总则 ·· 076
2 验证试验 ··· 079
3 原材料 ·· 079
4 焊接（适用于钢板制对焊管件） ·· 080
5 无损检测 ··· 080
6 几何尺寸及外观 ·· 081
7 热处理 ·· 081
8 压力试验 ··· 081
9 涂装与发运 ··· 082
10 钢制管件监造主要质量控制点 ·· 082

前　言

《钢制管件监造大纲》是参照 GB/T 1.1—2009《标准化工作导则　第1部分：标准的结构和编写》给出的规则起草。

本大纲由中国石油化工集团有限公司物资装备部提出。

本大纲 2010 年 7 月第一次发布，本次为修订升版。

本大纲起草单位：上海众深科技股份有限公司。

本大纲起草人：邵树伟、方寿奇、华伟、贺立新、刘鑫、孙亮亮、李科锋、付林。

钢制管件监造大纲

1 总则

1.1 内容和适用范围。

1.1.1 本大纲主要规定了采购单位（或使用单位）对石油化工通用管件制造过程监造的基本内容及要求，是委托驻厂监造的主要依据。

1.1.2 本大纲适用于石油化工工业使用的钢制管件，包括：弯头、三通、四通、管塞、管帽、异径管、短节等制造过程的监造，同类其它钢制管件及有色金属管件可参照执行。

1.1.3 本大纲适用于钢制无缝管件和焊接管件中的对焊管件。承插焊和螺纹管件可参照执行。

1.1.4 制造方法可采用锻制、锤锻、压制、拔制、冲轧、挤压或组合方式。

1.1.5 本大纲中具体技术要求如与采购技术文件不一致时，原则上应以采购技术文件为准。

1.2 监造工作的基本要求。

1.2.1 监造人员要求。

1.2.1.1 监造人员应与所在监造单位有正式劳动合同关系。

1.2.1.2 监造人员应严格依据监造委托合同，履行监造职责，完成监造任务。

1.2.1.3 监造人员应持有不低于中国设备监理协会颁发的专业设备监理师资格证书，监造人员有二年（或以上）的监造业务经验，在相应专业岗位工作三年以上。

1.2.1.4 监造人员应熟悉监造物资的制造工艺，掌握制造过程中的质量技术要求和检验试验关键控制点。

1.2.1.5 监造人员在监造活动过程中应遵守有关保密约定和规定。

1.2.1.6 监造人员应遵守制造厂HSSE或安全生产管理制度的相关规定，严格执行劳保着装和安全防护要求。

1.2.2 监造工作程序。

1.2.2.1 监造人员在开始监造的10个工作日内，对制造厂的人员资质、生产工艺、装备能力和质保体系运行情况进行检查和评估，并向委托方提供质量风险评估报告，明确风险等级（高、中、低、无）。

1.2.2.2 监造单位在收到采购技术文件后，10个工作日内编制完成《监造大纲》。

1.2.2.3 监造单位在获得设计相关图纸、制造工艺、质量控制计划、生产进度计划后，15日内编制完成《监造实施细则》。

1.2.2.4 监造人员应配备必要的用于平行检查且检定合格的检测器具。

1.2.2.5 监造人员应按委托方的通知或有关要求参加或组织召开预检验会议，与制造厂对接确定检验试验计划和质量控制点，并经委托方确认。

1.2.2.6 监造人员应组织制造厂质量、技术、生产及经营（项目管理）等相关部门召开监理周例会，通报监造工作情况，协调解决质量进度问题，结合生产进度计划安排后续监造工作，并形成会议纪要。

1.2.2.7 监造人员在监造实施过程中，如发现质量隐患、质量问题以及可能影响交货期的重大因素时，应及时报委托方，并以书面形式通知制造厂，要求制造厂采取有效措施予以整改，若制造厂延误或拒绝整改时，可责令其停工。

1.2.2.8 对于原材料、外购件以及外协加工、外协检测和外协检验试验等过程，监造人员应重点审查质量证明文件、外协单位资质、人员资质、工艺文件和检验试验报告等。并依据监造实施细则和检验试验计划中设置的监造访问点，实施质量控制。

1.2.2.9 实施监造的物资经现场监造人员确认符合标准规范和订单约定后，按发货批次开具监造放行单，并报委托方。

1.2.2.10 全部监造工作完成后，应于30日内完成监造总结报告交付委托方。

1.3 监造单位应提交的文件资料。

1.3.1 目录（含页码）（必须）。

1.3.2　产品质量监造报告书（必须）。

1.3.3　监造工作总结（必须）。

1.3.4　监造大纲（必须）。

1.3.5　监造实施细则（必须）。

1.3.6　监造周报（必须）。

1.3.7　设计变更通知及往来函件（如有）。

1.3.8　监造工作联系单（如有）。

1.3.9　监理工程师通知单（如有）。

1.3.10　会议纪要（如有）。

1.3.11　监造放行单（必须）。

1.4　主要编制依据。

1.4.1　TSG D B001 压力管道阀门安全技术监察规程。

1.4.2　GB/T 12459 钢制对焊管件 类型与参数。

1.4.3　GB/T 13401 钢制对焊管件 技术规范。

1.4.4　GB/T 17185 钢制法兰管件。

1.4.5　GB/T 14383 锻制承插焊和螺纹管件。

1.4.6　GB/T 26429 设备工程监理规范。

1.4.7　NB/T 47013 承压设备无损检测。

1.4.8　SH/T 3408 石油化工钢制对焊管件。

1.4.9　SH/T 3410 石油化工锻钢制承插焊和螺纹管件。

1.4.10　ASME B16.25—2007 对接焊端。

1.4.11　ASME B16.28—1994 锻轧钢制对接焊小弯曲半径弯头和180弯头。

1.4.12　ASME B16.48—2005 钢制管线盲板。

1.4.13　ASME B16.5—2009 管法兰和法兰管件，公制 NPS 1/2 至 NPS 24。

1.4.14　ASME B16.9—2007 工厂制造钢制对接焊管件。

1.4.15　ASME SA 961—2002 管道用钢法兰，锻造管配件及阀门零件通用要求。

1.4.16　ASME SA182/SA182M—2007 高温用锻制或轧制合金钢法兰、锻制管件、阀门和部件。

1.4.17 MSS SP6—2007 管法兰以及阀门和管件端法兰的接触面标准精度。

1.4.18 MSS SP 55—2006 阀门、法兰、管件和其它管道部件用铸件质量标准——表面缺陷评定的目视检验方法。

1.4.19 MSS SP75—2008 优质钢制对焊管件规范。

1.4.20 MSS SP43—2001 锻制不锈钢对焊管件。

1.4.21 MSS SP79—2004 承插焊异径插件。

1.4.22 MSS SP83—2006 3000磅级承插焊和螺纹钢管活接头。

1.4.23 MSS SP95—2000 异径短管以及圆堵头。

1.4.24 MSS SP97—2006 承插焊、螺纹和对焊端的整体加强式管座。

1.4.25 Q/SHCG 12004—2017 中低压无缝及焊接管件采购技术规范。

1.4.26 采购技术文件等。

2 验证试验

2.1 审核验证试验报告。

2.2 验证试验是指爆破强度试验。验证压力应高于计算爆破压力的1.05倍。

2.3 每个验证试验覆盖范围应同时满足下列条件。

2.3.1 DN：试验管件直径的0.5~2倍。

2.3.2 t/D：壁厚与直径的比值为0.5~3倍。

2.3.3 几何尺寸相同的单一材料牌号的试验管件可适用其它的材料牌号。

3 原材料

3.1 依据采购技术文件，审核原材料（含焊材）质量证明书，材料牌号及规格、锻件级别、数量、供货商及原产地等应与采购技术文件规定一致。

3.2 钢材应为全镇静钢，采用平炉、吹氧转炉或电炉冶炼。

3.3 不得用棒料直接加工制作三通、四通和弯头。

3.4 材料的化学成分、力学性能、晶粒度及非金属夹杂物（锻件）、硬度、回火脆化倾向评定（高温合金）、无损检测等应符合采购技术文件的要求。

3.5 碳当量CE应≤0.45%。

3.6 管件材料应进行外观、热处理状态、材料标记检查。不允许存在裂纹、夹渣、夹层、氧化皮、气孔、冷隔和粘砂等缺陷。

3.7 低温管件材料应进行低温夏比冲击试验，试样应在同批母材上选取，并具有与管件相同的热处理状态。

3.8 用于法兰管件的材料，应按不同材质的相应标准进行消除应力处理或稳定化处理。

3.9 晶间腐蚀、金相检查或采购技术文件规定的其它检验等按采购技术文件要求进行。

3.10 合金钢、不锈钢制管件应进行PMI光谱验证检验。

4 焊接（适用于钢板制对焊管件）

4.1 审核焊接工艺评定报告。

4.2 根据评定合格的焊接工艺制订焊接工艺指导书。

4.3 焊工作业必须持有相应类别的有效焊接资格证书。

4.4 纵向拼接焊缝数量、相邻焊缝的间距、焊缝位置按采购技术文件规定。

4.5 对接焊缝应为全焊透。对接焊缝不得使用垫环。

4.6 焊接试件的横向弯曲试验和缺口韧性冲击试验按采购技术文件规定执行。

4.7 管帽的拼接焊缝距管帽中心线应≤1/4管帽外径。

4.8 焊缝对口错边量b≤10%板厚，且不得大于2mm。

4.9 焊接返修次数应与采购技术文件规定一致，所有的返修均应有返修工艺评定支持。

4.10 焊缝外观不允许存在咬边、裂纹、气孔、弧坑、夹渣、飞溅等缺陷。

5 无损检测

5.1 无损检测人员应持有相应类（级）别的有效资格证书。

5.2 对接焊缝应进行100%射线检测，按采购技术文件的规定验收。

5.3 所有承压锻件粗加工后应进行超声检测，按采购技术文件规定验收。

5.4 所有碳钢和不锈钢材料的三通和四通，或合金钢制的各类承压锻件管件，精加工后应逐件进行磁粉或渗透检测。弯头的表面探伤按采购技术文件规定进行。

5.5 焊接管件板材的超声波检测按采购技术文件规定进行。

6 几何尺寸及外观

6.1 管端焊接坡口应进行检查。

6.2 管端过渡部分的包络线应进行检查。

6.3 对焊管件壁厚、法兰管件壁厚及法兰厚度、底座厚度应进行检查。管件的最小壁厚（管件最薄弱的部位）按采购技术文件规定验收。

6.4 法兰管件的榫面、槽面等与垫片接触面的粗糙度应符合采购技术文件的规定。

6.5 管件缺陷（刮痕、划痕、疤痕、裂痕或皱褶等）处理按采购技术文件规定执行。

6.6 管件外观应进行检查，不得有氧化皮。

6.7 奥氏体不锈钢管件热处理后应进行酸洗钝化处理。

6.8 永久性钢印不得过深或太尖。

7 热处理

7.1 管件的热处理按采购技术文件规定进行。

7.2 检查热处理装备及工艺。

7.3 焊接管件应进行消除应力热处理。

7.4 检查热处理曲线和记录。

8 压力试验

8.1 每个法兰管件都应对壳体进行压力试验。其试验压力应为温度在38℃时的最大允许工作压力的1.5倍，试验介质为水或黏度小于水的其它液体，试验温度不得超过50℃，保压时间按GB/T 17185标准6.3款，合格判定标准为：

承压壳体表面不得有可见泄漏。不锈钢制管件试验时，水中的氯离子含量不得超过25mg/L。

8.2 不要求做压力试验的对焊管件应审查验证试验报告。

9 涂装与发运

9.1 碳钢管件油漆前进行喷砂处理。

9.2 油漆牌号、厚度、颜色标记等按采购技术文件规定执行。

9.3 包装应进行防潮处理。

9.4 管件坡口表面应进行保护。

9.5 管件必须在显著位置喷涂、打印耐久性标志。

9.6 标志内容包括如下信息。

9.6.1 制造商名称或商标。

9.6.2 法兰的类型代号。

9.6.3 公称尺寸。

9.6.4 公称压力。

9.6.5 材料牌号或代号。

9.6.6 采购技术文件要求的其它标志内容。

9.7 装箱及出厂文件检查。

10 钢制管件监造主要质量控制点

10.1 文件见证点（R）：由监造人员对设备材料制造过程有关文件、记录或报告进行见证而预先设定的监造质量控制点。

10.2 现场见证点（W）：由监造人员对设备材料制造过程、工序、节点或结果进行现场见证而预先设定的监造质量控制点，且应包括相关文件见证点（R）质量控制内容。

10.3 停止点（H）：由监造人员见证并签认后才可转入下一个过程、工序或节点而预先设定的监造质量控制点，应包括相关现场见证点（W）和文件见证点（R）质量控制内容。

序号	零部件及工序名称	监造内容	文件见证点（R）	现场见证（W）	停止点（H）
1	生产准备	1. 质量检验计划	R		
		2. 焊接评定记录及工艺规程	R		
2	验证试验	验证试验报告		W	
3	原材料	1. 质量证明书	R		
		2. 外观及标记		W	
		3. 热处理状态	R		
		4. 无损检测	R		
		5. 低温、高温性能试验	R		
		6. 晶间腐蚀试验	R		
		7. 合金及以上材料PMI光谱验证检验		W	
4	焊接	1. 焊工持证	R		
		2. 焊缝坡口		W	
		3. 纵缝数量、位置及间距		W	
		4. 错边量		W	
		5. 焊缝外观		W	
5	无损检验	1. 无损作业人员持证	R		
		2. 板材超声波检测	R		
		3. 射线检测	R		
		4. 焊缝超声波检测	R		
		5. 精加工后磁粉或渗透检测		W	
6	热处理	1. 热处理工艺审查	R		
		2. 焊接管件消除应力热处理		W	
		3. 成型管件性能热处理		W	
7	几何形状及尺寸外观	1. 形状、尺寸和公差		W	
		2. 对焊管件管端焊接坡口		W	
		3. 管件端部过渡部分的包络线		W	
		4. 管件壁厚		W	
		5. 法兰厚度和底座厚度		W	

（续表）

序号	零部件及工序名称	监造内容	文件见证点（R）	现场见证（W）	停止点（H）
7	几何形状及尺寸外观	6. 法兰榫面、槽面等与垫片接触面的粗糙度		W	
		7. 外观质量		W	
		8. 奥氏体不锈钢管件热处理后酸洗钝化		W	
8	管件压力试验	试验压力、介质、温度及时间（如有）			H
9	防护和包装	1. 永久性标志位置和内容		W	
		2. 喷砂处理		W	
		3. 油漆牌号、厚度及外观		W	
		4. 色标		W	
		5. 防潮处理		W	

高压临氢管件监造大纲

目 录

前言	087
1 总则	088
2 原材料	091
3 设计验证试验	092
4 制造	093
5 热处理	093
6 检验和试验	093
7 PMI 材质鉴定	095
8 标记、色标、防护和包装	096
9 资料交付	097
10 高压临氢管件驻厂监造主要质量控制点	098

前 言

《高压临氢管件监造大纲》是参照 GB/T 1.1—2009《标准化工作导则 第1部分：标准的结构和编写》给出的规则起草。

本大纲由中国石油化工集团有限公司物资装备部提出。

本大纲为首次发布。

本大纲起草单位：合肥通安工程机械设备监理有限公司。

本大纲起草人：杨景、陈明健、周钦凯、王勤。

高压临氢管件监造大纲

1 总则

1.1 内容和适用范围。

1.1.1 本大纲主要规定了采购单位（或使用单位）对高压临氢管件制造过程监造的基本内容及要求，是委托驻厂监造的主要依据。

1.1.2 本大纲适用于石油化工工业中使用的高压临氢管件制造过程监造，同类管件可参照使用。

1.1.3 本大纲中具体技术要求如与采购技术文件不一致时，原则上应以采购技术文件为准。

1.2 监造工作的基本要求。

1.2.1 监造人员要求。

1.2.1.1 监造人员应与监造公司有正式劳动合同关系。

1.2.1.2 监造人员应严格依据监造委托合同，履行监造职责，完成监造任务。

1.2.1.3 监造人员应持有不低于中国设备监理协会颁发的专业设备监理师资格证书，监造人员有二年（或以上）的监造业务经验，在相应专业岗位工作三年以上。

1.2.1.4 监造人员应熟悉监造物资的制造工艺，掌握制造过程中的质量技术要求和检验试验关键控制点。

1.2.1.5 监造人员在监造活动过程中应遵守有关保密的约定和规定。

1.2.1.6 监造人员应遵守制造厂HSSE或安全生产管理制度的相关要求，严格进行劳保着装和安全防护。

1.2.2 监造工作程序。

1.2.2.1 监造人员在开始监造的10个工作日内，对制造厂的人员资质、生

产工艺、装备能力和质保体系运转情况进行检查和评估，并向委托方提供质量风险评估报告，明确风险等级（高、中、低、无）。

1.2.2.2 监造单位在收到采购技术文件后，10个工作日内编制完成《监造大纲》。

1.2.2.3 监造单位在获得设计相关图纸、制造工艺、质量控制计划、生产进度计划后，15日内编制完成《监理实施细则》。

1.2.2.4 监造人员应配备必要的用于平行检查且检定合格的检测器具。

1.2.2.5 监造人员应按委托方的通知或有关要求参加或组织召开预检验会议，与制造厂对接确定检验试验计划和质量控制点，并经委托方确认。

1.2.2.6 监造人员组织制造厂质量、技术、生产及经营（项目管理）等相关部门召开监理周例会，通报监造工作情况，协调解决质量进度问题，结合生产进度计划安排后续监造工作，并形成会议纪要。

1.2.2.7 监造人员在监造实施过程中，如发现质量隐患、质量问题以及可能影响交货期的重大因素时，应及时报委托方，并以书面形式通知制造厂，要求制造厂采取有效措施予以整改，若制造厂延误或拒绝整改时，可责令其停工。

1.2.2.8 对于原材料、外购件以及外协加工、外协检测和外协检验试验等过程，监造人员应重点审查质量证明文件、外协单位资质、人员资质、工艺文件和检验试验报告等。并依据监理实施细则和检验试验计划，设置必要的监造访问点实施质量控制。

1.2.2.9 监造的设备材料经现场监造人员确认符合标准规范和订单约定后按发货批次开具监造放行单，并报委托方。

1.2.2.10 全部监造工作完成后，应于30日内完成设备监造总结报告交付委托方。

1.3 监造单位应提交的文件资料。

1.3.1 目录（含页码）（必须）。

1.3.2 产品质量监造报告书（必须）。

1.3.3 监造工作总结（必须）。

1.3.4 监造大纲（必须）。

1.3.5 监理实施细则（必须）。

1.3.6 设计变更通知及往来函件（如有）。

1.3.7 监造工程师通知单（如有）。

1.3.8 监造工作联系单（如有）。

1.3.9 会议纪要（如有）。

1.3.10 监理放行通知单（必须）。

1.3.11 监造周报（必须）。

1.4 主要编制依据。

1.4.1 TSG D0001 压力管道安全技术监察规程-工业管道。

1.4.2 TSG D2001 压力管道元件制造许可规则。

1.4.3 GB/T 6479 高压化肥设备用无缝钢管。

1.4.4 GB/T 9948 石油裂化用无缝钢管。

1.4.5 GB/T 12459 钢制对焊管件 类型及参数。

1.4.6 GB/T 13401—2017 钢制对焊管件 技术规范。

1.4.7 GB/T 14976 流体输送用不锈钢无缝钢管。

1.4.8 GB/T 26429 设备工程监理规范。

1.4.9 NB/T 47008 承压设备用碳素钢和合金钢锻件。

1.4.10 NB/T 47010 承压设备用不锈钢和耐热钢锻件。

1.4.11 NB/T 47013 承压设备无损检测。

1.4.12 SH/T 3405 石油化工钢管尺寸系列。

1.4.13 SH/T 3408—2012 石油化工钢制对焊管件。

1.4.14 ASME B16.9 工厂制造的锻轧制对焊管件。

1.4.15 ASME B16.25 对焊端部。

1.4.16 ASME B31.3 工艺管道。

1.4.17 ASME B36.10 焊接和无缝轧制钢管。

1.4.18 ASME B36.19M 不锈钢管。

1.4.19 ASTM A105/105M 管道元件用碳钢锻件。

1.4.20 ASTM A106/106M 高温用无缝碳钢管。

1.4.21　ASTM A182/182M 高温用锻制或轧制合金钢公称管道法兰、锻制管配件、阀门和零件。

1.4.22　ASTM A234/234M 中、高温用轧制碳钢和合金钢管道配件。

1.4.23　ASTM A312/312M 无缝和焊接奥氏体不锈钢公称管。

1.4.24　ASTM A335/335M 高温用无缝铁素体合金钢管。

1.4.25　ASTM A403/403M 轧制奥氏体不锈钢制管配件。

1.4.26　ASTM A388/388M 大型钢锻件超声检验。

1.4.27　MSS-SP-25—2013 阀门、管件、法兰和活接头的标准标记方法。

1.4.28　Q/SHCG 12001—2017 高压无缝对焊管件采购技术文件。

1.4.29　采购技术文件。

2　原材料

2.1　原材料要求：制造管件的钢管必须满足管件采购技术文件要求，制造锻制管件所用锻件不低于NB/T 47008中Ⅲ级锻件的要求，采用钢锭或钢坯锻造时，锻件主界面部分的锻造比不得小于3。除非另有要求，材料应是未使用过的新材料，供应商应符合采购技术文件要求。

2.2　原材料冶炼：原材料冶炼应采用电炉或氧气炉加炉外精炼工艺进行冶炼。

2.3　原材料化学成分：用于制造管件的材料化学成分应符合采购技术文件及相应标准的有关规定。

2.4　每批材料应进行化学成分复检，抽检比例不小于1%，检验结果应符合相应采购技术文件及相应标准的规定。

2.5　原材料金相组织应无枝晶和柱状晶组织，非金属夹杂物按表1执行，奥氏体不锈钢管件的原材料晶粒度为4.5～7级。

表1　非金属夹杂级别

材料	A类≤	B类≤	C类≤	D类≤	A+B+C+D≤
碳钢、合金钢	2.0级	2.0级	2.0级	2.0级	6.5级
奥氏体不锈钢	1.0级	1.5级	1.5级	1.5级	4.5级

2.6 按 ASTM A370（美标牌号）/GB/T 228（国标牌号）的试验方法每批至少取一个试样进行拉伸试验，试验结果应满足相应的材料标准要求。如采购技术文件中对高温拉伸有要求还需按要求进行高温拉伸试验。

2.7 原材料应从每批任选两根钢管，在其两端部各取一个试样进行压扁或弯曲试验，$DN<50$ 的钢管应进行弯曲试验，弯曲试验应分别进行正向弯曲（靠近钢管外表面的试样表面受拉）和反向弯曲（靠近钢管内表面的试样表面受拉）试验。弯曲试验的弯芯直径25mm，试样弯曲受拉表面和侧面均没有裂纹为合格。$DN\geq50$ 的钢管进行压扁试验，试样上不允许出现裂缝和裂口。公称直径大于 $DN400$ 的钢管可用弯曲试验代替压扁试验。

2.8 管子、钢板、锻件的质量证明文件中应有超声检测结果，并符合相应采购技术文件要求。

2.9 用于制造管件的材料每批应有质量证明书，并按采购技术文件要求进行复验，监造人员需对原材料质保书、复验报告进行审查，并对复验项目、比例及复验结果进行核查，监造人员应现场见证。

3 设计验证试验

3.1 制造厂选择验证试验方法对管件的设计进行合格评定时，应审核其验证试验报告。

3.2 验证试验采用爆破强度试验，具体按照 ASME B16.9（9. 设计验证试验）或 SH/T 3408—2012（8. 设计验证试验）或 GB/T 134012017（设计验证试验）执行。

3.3 试验结果的适用范围如下。

3.3.1 试验管件可以验证规格大小为 0.5~2 倍的类似比例的管件，非异径管件的验证试验可以用来对相同型式的异径管件进行合格评定，异径管件的合格评定可以用来对较小规格的异径管管件进行合格评定；

3.3.2 试验管件可以验证壁厚与外径比值（t/D）为试验管件的 0.5~3 倍的类似比例管件；

3.3.3 各种牌号材料制造的几何尺寸相同的管件，其承压能力直接与各种牌号材料的抗拉强度成比例，因此，只需试验单一牌号材料的样品管件即可验证该管件的设计。

4 制造

4.1 对焊的无缝弯头、三通和异径管应为无缝钢管热压或冷挤成型工艺制造，管帽应为整张钢板采用冲压热成型工艺制造。

4.2 锻制管件采用热成型锻制工艺制造，锻件应在压机、锻锤或轧机上经热加工成型，整个截面上的金属应锻透，并宜锻至接近成品零件的形状和尺寸。

4.3 管件的外形尺寸，极限偏差和形位公差应符合规范及相关标准规定，依据采购技术规范执行。

4.4 管件表面缺陷应用研磨法去除，不允许用焊补，研磨后管件壁厚不得小于最小壁厚。

4.5 对焊管件应打坡口，坡口应符合ASME B16.25标准不带垫环结构。

4.6 所有镀锌锻制管件都采用热浸锌方法。

4.7 碳钢和合金钢管件应进行抛丸处理。

4.8 不锈钢管件应进行酸洗钝化处理。

5 热处理

5.1 凡热处理的管件应予以记录并有热处理报告。

5.2 热处理前需审查热处理工艺并检查热处理设备，热处理后需审查热处理曲线、记录及报告。

5.3 碳钢管件应进行正火处理；合金钢管件应进行正火+回火处理；不锈钢管件应进行固溶处理，稳定型不锈钢管件应进行固溶加稳定化处理。

6 检验和试验

6.1 管件的外观检查。

6.1.1 管件应逐件进行目视检验。内外表面应光滑、无氧化皮。

6.1.2 管件本体上不得有深度大于公称壁厚的5%或0.6mm（以较小值为

准）的结疤、折叠、离层、发纹等缺陷。

6.1.3 管件上深度超过公称壁厚的5%且0.6mm（以较小值为准）的机械划痕和凹坑应予以去除，去除后管件壁厚不得小于最小壁厚。

6.1.4 管件表面的瑕点应通过修磨清除而不应进行补焊。修磨后管件的剩余壁厚应不小于最小壁厚。

6.2 形状和尺寸检查。

成品管件的形状和尺寸应逐件检查，并应符合采购技术文件和相应管件标准的要求。监造人员需对管件尺寸检查过程进行抽检见证，并对管件尺寸检验报告进行审查。

6.3 硬度检验。

管件应按照采购技术文件及相关标准要求进行硬度检测。监造人员需对硬度检测过程进行抽检见证，并审查硬度检测报告。硬度检测验收准则为：碳钢管件不大于187HB；合金钢P5管件不大于217HB，其它合金钢管件不大于187HB；不锈钢管件不大于180HB。

6.4 无损检测。

管件的无损检测在采购技术文件中明确要求的，按其要求执行，如未要求，按如下进行。

6.4.1 公称直径大于等于DN150的管件应逐件按NB/T 47013.3进行超声检查，检测结果不低于Ⅰ级。

6.4.2 管件表面及其坡口应逐件进行磁粉或渗透检测。

6.4.3 碳钢、合金钢管件应按NB/T 47013.4逐件进行磁粉检测，不锈钢应按NB/T 47013.5进行100%渗透检测，检测结果均不低于Ⅰ级要求。

6.4.4 无损检测检查出的表面微裂纹，应对其研磨消除。

6.4.5 管件表面不应有裂纹。

6.4.6 监造人员应审查制造厂的无损检测工艺，对无损检测人员资质、操作过程进行检查，并对无损检测报告进行100%审查。

6.5 拉伸和冲击试验。

6.5.1 管件应每批一件进行常温拉伸试验。试验可采用与成品管件同一批号且同炉热处理的试样进行。室温拉伸试验结果应满足相应标准要求。

6.5.2 321、321H、347、347H材质的管件还应做高温拉伸试验，验收准则按相应采购技术文件和标准执行。

6.5.3 除另有规定外，碳钢和合金钢管件应每批进行20℃冲击试验，国标材料的冲击功应满足GB/T 20801的要求，美标材料的冲击功应满足ASME B31.3的要求。

6.6 晶粒度。

奥氏体不锈钢管件应按ASTM E112或GB/T 6394进行晶粒度检测，晶粒度范围应为4.0~7.0级。

6.7 晶间腐蚀。

同一热处理炉次的奥氏体不锈钢管件应按照ASTM A262 E法或GB/T 4334 E法进行晶间腐蚀试验，试样不应出现晶间腐蚀倾向。

6.8 监造人员对管件性能试验（拉伸、冲击、晶粒度、晶间腐蚀等）检验比例、试验过程等进行检查，并对检验报告进行100%审查，监造人员应现场见证。

6.9 "批"的定义：采用同一炉批次材料制造、且同炉进行热处理的管件为一"批"。管件取样试验时，可采用在管件加长段上取样；也可以采用与管件同规格、同炉批号的原材料的见证取样，该见证件应经过与管件类似的变形且需与管件一起经受管件制造中的所有受热过程（包括管件的最终热处理）。

7 PMI材质鉴定

所有合金钢、不锈钢管件应根据其合金元素逐件进行PMI测试，测试应作记录，监造人员应对测试过程进行见证，并审查检测报告。常见材料测试元素见表2。

表2 常见材料测试元素表

材料	测试元素	材料	测试元素
铬钼合金钢	Cr、Mo	316	Cr、Ni、Mo

(续表)

材料	测试元素	材料	测试元素
304L	C*, Cr, Ni	316L	C*, Cr, Ni, Mo
304	Cr, Ni	347	Cr, Ni, Nb
321	Cr, Ni, Ti	347H	C*, Cr, Ni, Nb

*验证微量元素的适用方法有：特殊的实验室仪器、适用的光学辐射分析仪、可追溯的钢厂合格证。

8 标记、色标、防护和包装

8.1 标识。

不锈钢管件应采用模板印刷法进行标识；碳钢、合金钢管件可采用低应力钢印、喷涂、雕刻等方法进行标识，标识应清晰、可见，用于标识和色标的涂料不得含有任何有害金属或金属盐，如锡、锌、铅、硫、铜或氯化物等在热态时可引起腐蚀的物质。

管件上的标识内容应按MSS SP25要求进行，至少应标记下列内容：

① 产品代号；

② 公称通径或外径；

③ 壁厚等级（或管表号）；

④ 材料牌号；

⑤ 制造商名称或商标；

⑥ 标准编号；

⑦ 采购技术文件要求的其它内容。

8.2 色标。

管件应按采购技术文件要求涂刷色标。

8.3 防护。

不锈钢管件贮存时，应避免与铁素体材料接触，每只管件采用塑料袋包装防尘、防污染，按管件的品种、规格、材质的不同分类、分开贮存。管件的表面防腐应按照采购技术文件要求。

8.4 包装。

管件应按采购技术文件规定进行适当的包装和防护，以防止管件在运输、贮存过程中受到侵害或不必要的损伤。采用包装箱进行防护时，包装箱内应附有产品装箱单，并有防潮措施。

9 资料交付

9.1 管件产品质量合格证明书。

管件均应有产品质量合格证书。产品质量合格证明书应包括下列内容：

① 制造厂名称和制造日期；

② 质量检验员的签字及检验日期、质量检验部门的公章；

③ 产品名称、规格、材质牌号、制造标准编号；

④ 原材料的化学成分和力学性能；

⑤ 规定的检测、试验结果。

9.2 产品交货文件。

交货文件包括但不限于以下文件：

① 交货产品清单；

② 产品质量合格证明书；

③ 原材料原始质保书；

④ 产品热处理报告；

⑤ 产品无损检测报告；

⑥ 产品尺寸检验报告；

⑦ 采购技术文件规定的产品性能试验、检测报告；

⑧ 采购技术文件规定的其它文件；

所有的交货文件上应有本厂质量部门的印章，份数按照买方要求。

9.3 文件交付。

文件采用邮寄、托运方式交付时，应和货物分开包装以免文件损坏或遗失。

10 高压临氢管件驻厂监造主要质量控制点

10.1 文件见证点（R）：由监造人员对设备材料制造过程有关文件、记录或报告进行见证而预先设定的监造质量控制点。

10.2 现场见证点（W）：由监造人员对设备材料制造过程、工序、节点或结果进行现场见证而预先设定的监造质量控制点，且应包括相关文件见证点（R）质量控制内容。

10.3 停止点（H）：由监造人员见证并签认后才可转入下一个过程、工序或节点而预先设定的监造质量控制点，应包括相关现场见证点（W）和文件见证点（R）质量控制内容。

序号	零部件及工序名称	监造内容	报告见证点 R	现场见证点 W	停止见证点 H
1	资质审查	1. 制造资质审查	R		
		2. 质量管理体系审查	R		
		3. 无损检测人员资质审查	R		
		4. 理化检验人员资质审查	R		
		5. 装备能力及完好性检查		W	
2	文件审查	1. 进度计划	R		
		2. 质量计划（检验计划）	R		
		3. 施工图纸	R		
		4. 制造工艺	R		
		5. 热处理工艺	R		
		6. 无损检测工艺	R		
		7. 酸洗钝化工艺	R		
		8. 设计验证报告	R		
3	原材料	1. 质量证明书审查			
		1）供货商	R		
		2）供货状态	R		
		3）化学成分	R		
		4）拉伸性能	R		

（续表）

序号	零部件及工序名称	监造内容	报告见证点 R	现场见证点 W	停止见证点 H
3	原材料	5）晶粒度（如无，需复验）	R		
		6）无损检测	R		
		2. 复验			
		1）室温拉伸		W	
		2）高温拉伸（如有）		W	
		3）压扁或弯曲试验		W	
		4）非金属夹杂物		W	
		3. 外观、尺寸及材料标识		W	
4	成型	1. 工艺验证试验	R		
		2. 成型过程检查		W	
5	热处理	1. 热处理设备检查（仪表校准）		W	
		2. 热处理过程见证		W	
		3. 热处理曲线及报告审查	R		
		4. 热处理后硬度检查		W	
6	无损检测	1. 无损检测人员资质	R		
		2. 无损检测仪器、试块检查		W	
		3. 无损检测过程检查		W	
		4. 无损检测报告审查	R		
7	尺寸及外观	1. 形状、尺寸、公差		W	
		2. 坡口尺寸及外观		W	
		3. 管件壁厚		W	
		4. 外观质量		W	
		5. 不锈钢管件热处理后酸洗钝化		W	
8	成品性能	1. 室温拉伸试验	R		
		2. 高温拉伸（如有）	R		
		3. 晶间腐蚀	R		
		4. 晶粒度	R		
9	PMI	合金元素PMI鉴定		W	

（续表）

序号	零部件及工序名称	监造内容	报告见证点 R	现场见证点 W	停止见证点 H
10	标志、防护和包装	1. 标志、色标		W	
		2. 管件防护		W	
		3. 管件包装		W	
11	出厂资料	1. 质量证明书	R		
		2. 其它交货文件	R		

低温管件监造大纲

目 录

前 言 ··· 103
1 总则 ·· 104
2 原材料 ·· 107
3 设计验证试验 ······································ 109
4 制造 ·· 109
5 热处理 ·· 111
6 检验和试验 ··· 112
7 PMI 材质鉴定 ····································· 113
8 标记、色标、防护和包装 ························ 114
9 资料交付 ··· 115
10 低温管件驻厂监造主要质量控制点 ············ 115

前 言

《低温管件监造大纲》是参照GB/T 1.1—2009《标准化工作导则 第1部分：标准的结构和编写》给出的规则起草。

本大纲由中国石油化工集团有限公司物资装备部提出。

本大纲为首次发布。

本大纲起草单位：合肥通安工程机械设备监理有限公司。

本大纲起草人：杨景、周钦凯、陈明健、张海波。

低温管件监造大纲

1 总则

1.1 内容和适用范围。

1.1.1 本大纲主要规定了采购单位（或使用单位）对低温管件制造过程监造的基本内容及要求，是委托驻厂监造的主要依据。

1.1.2 本大纲适用于石油化工工业中使用的低温管件的制造过程监造，同类管件可参照使用。

1.1.3 本大纲中具体技术要求如与采购技术文件不一致时，原则上应以采购技术文件为准。

1.2 监造工作的基本要求。

1.2.1 监造人员要求。

1.2.1.1 监造人员应与监造公司有正式劳动合同关系。

1.2.1.2 监造人员应严格依据监造委托合同，履行监造职责，完成监造任务。

1.2.1.3 监造人员应持有不低于中国设备监理协会颁发的专业设备监理师资格证书，监造人员有二年（或以上）的监造业务经验，在相应专业岗位工作三年以上。

1.2.1.4 监造人员应熟悉监造物资的制造工艺，掌握制造过程中的质量技术要求和检验试验关键控制点。

1.2.1.5 监造人员在监造活动过程中应遵守有关保密的约定和规定。

1.2.1.6 监造人员应遵守制造厂HSSE或安全生产管理制度的相关要求，严格进行劳保着装和安全防护。

1.2.2 监造工作程序。

1.2.2.1 监造人员在开始监造的10个工作日内，对制造厂的人员资质、生

产工艺、装备能力和质保体系运转情况进行检查和评估,并向委托方提供质量风险评估报告,明确风险等级(高、中、低、无)。

1.2.2.2 监造单位在收到采购采购技术文件后,10个工作日内编制完成《监造大纲》。

1.2.2.3 监造单位在获得设计相关图纸、制造工艺、质量控制计划、生产进度计划后,15日内编制完成《监理实施细则》。

1.2.2.4 监造人员应配备必要的用于平行检查且检定合格的检测器具。

1.2.2.5 监造人员应按委托方的通知或有关要求参加或组织召开预检验会议,与制造厂对接确定检验试验计划和质量控制点,并经委托方确认。

1.2.2.6 监造人员组织制造厂质量、技术、生产及经营(项目管理)等相关部门召开监理周例会,通报监造工作情况,协调解决质量进度问题,结合生产进度计划安排后续监造工作,并形成会议纪要。

1.2.2.7 监造人员在监造实施过程中,如发现质量隐患、质量问题以及可能影响交货期的重大因素时,应及时报委托方,并以书面形式通知制造厂,要求制造厂采取有效措施予以整改,若制造厂延误或拒绝整改时,可责令其停工。

1.2.2.8 对于原材料、外购件以及外协加工、外协检测和外协检验试验等过程,监造人员应重点审查质量证明文件、外协单位资质、人员资质、工艺文件和检验试验报告等。并依据监理实施细则和检验试验计划,设置必要的监造访问点实施质量控制。

1.2.2.9 监造的设备材料经现场监造人员确认符合标准规范和订单约定后,按发货批次开具监造放行单,并报委托方。

1.2.2.10 全部监造工作完成后,应于30日内完成设备监造总结报告交付委托方。

1.3 监造单位应提交的文件资料。

1.3.1 目录(含页码)(必须)。

1.3.2 产品质量监造报告书(必须)。

1.3.3 监造工作总结(必须)。

1.3.4 监造大纲（必须）。

1.3.5 监理实施细则（必须）。

1.3.6 设计变更通知及往来函件（如有）。

1.3.7 监造人员通知单（如有）。

1.3.8 监造工作联系单（如有）。

1.3.9 会议纪要（如有）。

1.3.10 监理放行通知单（必须）。

1.3.11 监造周报（必须）。

1.4 主要编制依据。

1.4.1 TSG D0001 压力管道安全技术监察规程−工业管道。

1.4.2 TSG D2001 压力管道元件制造许可规则。

1.4.3 GB/T 3531 低温压力容器用钢板。

1.4.4 GB/T 4237 不锈钢热轧钢板和钢带。

1.4.5 GB/T 5310 高压锅炉用无缝钢管。

1.4.6 GB/T 6479 高压化肥设备用无缝钢管。

1.4.7 GB/T 12771 流体输送用不锈钢焊接钢管。

1.4.8 GB/T 13401—2017 钢制对焊管件 技术规范。

1.4.9 GB/T 14976 流体输送用不锈钢无缝钢管。

1.4.10 GB/T 18984 低温管道用无缝钢管。

1.4.11 GB/T 26429 设备工程监理规范。

1.4.12 NB/T 47009 低温承压设备用低合金钢锻件。

1.4.13 NB/T 47010 承压设备用不锈钢和耐热钢锻件。

1.4.14 NB/T 47013 承压设备无损检测。

1.4.15 SH/T 3408—2012 石油化工钢制对焊管件。

1.4.16 ASTM A105/105M 管道元件用碳钢锻件。

1.4.17 ASTM A240/240M 用于压力容器和一般用途的铬和铬−镍不锈钢钢板、薄钢板和带钢。

1.4.18 ASTM A312/312M 无缝和焊接奥氏体不锈钢公称管。

1.4.19 ASTM A333/333M 低温用无缝钢管和焊管。

1.4.20 ASTM A403 锻轧制奥氏体不锈钢管配件。

1.4.21 ASTM A420/A420M 低温用锻制碳素钢和合金钢管配件的标准规格。

1.4.22 ASME B16.9 工厂制造的锻轧制对焊管件。

1.4.23 ASME B16.25 对焊端部。

1.4.24 ASME B31.3 工艺管道。

1.4.25 ASME B35.10M 焊接钢管和无缝钢管。

1.4.26 ASME B35.19M 不锈钢钢管。

1.4.27 MSS-SP-25 阀门、管件、法兰和活接头的标准标记方法。

1.4.28 Q/SHCG12006—2017 低温不锈钢对焊管件采购技术规范。

1.4.29 采购技术文件。

2 原材料

2.1 原材料要求。

2.1.1 制造管件用的材料应符合相应的标准及采购采购技术文件要求，每批材料应有质量证明书，质量证明书中的检验项目、检验结果应符合标准和采购采购技术文件要求，不能缺项和漏项。如有缺项和漏项，可要求采购单位或供货单位进行复验。

2.1.2 管件使用的材料应是未使用过的新材料，供应商应符合采购采购技术文件要求。

2.1.3 不锈钢材料的选用主要根据 ASTM A240/A240M、ASTM A312/312M、ASTM A358/A358M 以及 GB 24511、GB/T 4237、GB/T 14976、GB/T 12771 等标准中的材料选用，材料要符合相应标准中的要求。

2.1.4 碳钢和低合金钢材料的选用主要根据 ASTM A350/A350M、ASTM A333/333M、ASTM A420/A420M 以及 GB/T 18984、GB 3531 等标准中的材料选用，材料要符合标准中的要求。

2.1.5 制造管件使用的焊接材料应符合相应标准的要求，焊接材料应有质量证明书，质量证明书中的检验项目、检验结果应符合标准要求和采购采购技术文件要求。

2.1.6 对规定了冶炼方法的原材料，原材料须按要求的冶炼方法冶炼。

2.1.7 低温不锈钢的S含量不大于0.015%；P含量不大于0.030%；双牌号304/304L、316/316L的C含量不大于0.03%。

2.1.8 每批原材料应进行相应温度下的夏比V形低温冲击试验，取样方向为横向，除对夏比V形低温冲击试验按相应的标准验收外，横向膨胀量应按采购技术规范的要求验收。

2.1.9 制造管件用的钢管应每批任选两根钢管从端部各取一个试样，直径小于DN50的管子需进行弯曲试验，直径大于等于DN50应根据ASTM A530/A530M相关规定进行压扁试验。

2.1.10 每批原材料应各取一个试样进行非金属夹杂物检验，非金属夹杂物按ASTM E45或GB/T 10561标准进行检验和评级，结果要符合相应标准和采购技术规范的要求。

2.1.11 对不锈钢材料，每批按ASTM E112或GB/T 6394进行晶粒度检测，晶粒度范围为5.0～7.0级。

2.1.12 除另有规定外，公称直径大于等于DN100的钢管及壁厚大于等于6mm的钢板，应逐根或逐张进行超声检测。

2.2 原材料复验。

2.2.1 用于制造管件的无缝钢管和锻件应根据相应的标准要求和采购技术文件的要求进行复验，复验的项目和合格指标按采购技术规范的要求。

2.2.2 每批（指同规格、同炉号、同热处理批次）的材料应进行化学成分分析和力学性能的复验，合格后方可使用。

2.2.3 材料复验过程中取样位置要符合相应标准要求，试样制备过程信息标识要准确且具有可追溯性。

2.2.4 监造人员应对材料复验过程进行见证，包括取样、标识和试验过程。

2.3 原材料实物检查。

2.3.1 要对原材料外观质量进行检查，外观检查不允许存在裂纹、夹渣、夹层、氧化皮、气孔等缺陷。

2.3.2 要对原材料标识进行检查，原材料上的标识如材质、规格、生产厂家、热处理状态、炉号等要与质保书上一致。

2.3.3 原材料不应有影响管件性能和成型质量的缺陷，表面缺陷应通过修磨方法圆滑过渡消除，需对原材料进行补焊的，需经过业主的同意，并将相关资料归入最终的交工资料。

3 设计验证试验

制造厂选择验证试验方法对管件的设计进行合格评定时，应审核其验证试验报告。

3.1 验证试验采用爆破强度试验，具体按照ASME B16.9（9.设计验证试验）或SH/T 3408—2012（8.设计验证试验）或GB/T13401（8.设计验证试验）执行。

3.2 试验结果的适用范围。

3.2.1 试验管件可以验证规格大小为0.5～2倍的类似比例的管件，非异径管件的验证试验可以用来对相同型式的异径管件进行合格评定，异径管件的合格评定可以用来对较小规格的异径管管件进行合格评定；

3.2.2 试验管件可以验证壁厚与外径（t/D）比值为试验管件的0.5～3倍的类似比例管件；

3.2.3 各种牌号材料制造的几何尺寸相同的管件，其承压能力直接与各种牌号材料的抗拉强度成比例，因此，只需试验单一牌号材料的样品管件即可验证该管件的设计。

4 制造

4.1 成型前的检查。

4.1.1 管件成型前应对原材料表面情况进行检查，表面清洁，无缺陷、锈迹、油脂或其它异物。

4.1.2 管件制造前应确认具备正确齐全的工艺文件。

4.1.3 管件制造前应确认所用原材料是经检验合格的材料。

4.1.4 管件制造前应确认制造厂所用的温度监控设备、成型设备的完好性。

4.2 管件的成型检查。

4.2.1 管件的成型方式，应按制造厂工艺执行，对热成型的管件，要按工艺对成型温度、成型方式进行检查。对不锈钢管件，宜采用冷加工成型的方式，管帽应采用模具冷挤压加工成型。

4.2.2 制造工艺应保证管件在成型时其圆弧过渡部分外形圆滑；成型工艺应做到不会在管件上造成有害缺陷。

4.2.3 对于需焊接成型的管件，应对制造厂的焊接工艺评定报告进行审查；并审查编制的焊接工艺规程。对于焊缝区域的低温冲击最低值应按相应的温度进行试验，并记录横向膨胀量。

4.2.4 管件的焊接不应采用二氧化碳气体保护焊焊接。

4.2.5 确认参与管件焊接的焊工有相应的资质，且在有效期内。

4.2.6 焊制管件焊缝布置、焊缝的坡口等均应按技术规范要求，对管件的焊缝布置和数量应符合 GB/T 1304—2017 标准要求。对于 $DN600$ 及以下的焊接管件宜采用一条纵焊缝；$DN650 \sim DN1200$ 的管件纵焊缝数量不宜大于两条，不应有环焊缝；对于 $DN1200$ 以上的管件，需提供放样图，焊缝数量及位置有买方确认。

4.2.7 在管件焊接前，应检查焊缝的组对错边量、棱角度、坡口清理等，结果要符合采购采购技术文件及相关标准的要求。

4.2.8 低温管件的焊接过程应根据焊接工艺规程的要求进行，焊接过程中应采用低的焊接热输入，控制好预热温度、层间温度等，焊接热输入量不能超过工艺要求。

4.2.9 不允许在焊缝边缘打焊工钢印，应采用可追踪的记录。

4.2.10 焊接返修在同一部位不应超过2次，所有的返修应有返修工艺，返修有可追溯的记录。

4.3 管件成型后的检查。

4.3.1 管件表面缺陷应用修磨法去除，不允许用焊补，修磨后管件壁厚不得小于最小壁厚。对于管件的焊缝，不允许存在咬边、裂纹、气孔、弧坑、夹渣、飞溅等缺陷。

4.3.2 除非另有规定，管件的尺寸和公差应满足ASME B16.9或GB/T 12459或SH/T 3408的要求。

4.3.3 钢板制焊接管件端部外径采用周长法控制，焊接管件端部偏差应符合表1要求。

表1 焊接管件端部周长偏差

规格	允许偏差
$DN650 \sim DN1000$	$\pm 0.5\% \pi D_0$
$DN650 \sim DN1000$	$\pm 15mm$
$DN650 \sim DN1000$	$\pm 20mm$

注：D_0为管件端部外径。

4.3.4 焊接端圆度不大于公称外径的0.75%，且不超过6mm。

4.3.5 管件应按图纸要求加工坡口，坡口加工宜采用机械加工的方法。

4.3.6 对不锈钢管件，焊态管件焊缝金属的铁素体应按GB/T1954磁性法进行检测，检测结果应不大于7。

4.3.7 若无特殊要求，无缝管件端部允许壁厚偏差为±12.5%，钢板制对焊管件的最大允许壁厚负偏差为0.3mm。

5 热处理

5.1 对于不同材质的管件，制造厂在热处理前需编制正确的热处理工艺文件。热处理文件中应对热电偶数量和位置做出规定，必要时画出热电偶的布置图。

5.2 管件热处理前需根据热处理工艺检查测温仪器、热电偶的布置等，热电偶应固定在管件上，以正确检测管件的温度。

5.3 凡热处理的管件应予以记录并有热处理报告。监造人员应审查管件热处理的热处理曲线与报告，确定是否与热处理工艺相符。

5.4 对不锈钢材料的管件应进行固溶处理，对碳钢和低合金材料的管件应进行调质、正火或正火+回火的热处理。管件热处理后不允许再热加工。

6 检验和试验

6.1 管件的外观检查。

6.1.1 监造人员管件应逐件进行目视检验,外观检测要求应按SH/T3408标准和采购技术文件的规定执行。

6.1.2 管件上不应有深度大于公称壁厚5%或0.8mm的结疤、折叠、夹渣、轧折、离层、发纹等缺陷。

6.1.3 管件上深度超过公称壁厚的5%且0.6mm(以较小值为准)的机械划痕和凹坑应予以去除,缺陷处理后,应测量处理部位的壁厚,其数值应满足最小壁厚的要求。

6.2 管件尺寸、厚度及形位公差检验。

6.2.1 成品管件的形状和尺寸应逐件检查,并应符合采购技术文件和相应管件标准的要求。

6.2.2 监理工程师需对管件尺寸检查过程进行抽检见证,并对管件尺寸检验报告进行审查。

6.3 硬度检验。

6.3.1 对热处理后的管件,要对焊缝、热影响区和母材进行硬度检验。检验的合格指标按采购技术文件和标准要求。

6.3.2 对低温钢管件每批抽检数量应不低于10%,且不应少于2件,试验结果有1件不合格时,应加倍试验,若仍有不合格时,应逐件检查。

6.3.3 母材硬度不大于HB180,焊缝和热影响区的硬度不应高于管件母材硬度的120%。

6.3.4 硬度检测后应出具相应的检测报告。

6.4 无损检测。

6.4.1 管件应按GB/T 13041—2017标准中要求的项目进行无损检测,并出具无损检测报告。无损检测项目不能少于标准和采购技术文件的规定。

6.4.2 监造人员在现场巡检主要项目包括:无损检测人员资质、无损检测设备的校准、无损检测过程见证、无损检测时机等。

6.4.3 对无损检测发现的缺陷，监造人员要及时记录，跟踪制造厂整改的过程并确认最终的检测结果。

6.4.4 对公称直径大于等于 DN150 的无缝管件，应按 NB/T 47013.3 逐件进行 100% 超声检测，检测结果不低于Ⅰ级要求。

6.4.5 管件应逐件按 NB/T 47013.4 或 NB/T 47013.5 进行 100% 磁粉检测或渗透检测，检测结果不低于Ⅰ级要求。

6.4.6 焊接管件的每条焊缝应按 NB/T 47013.2 进行 100% 射线检测，检测结果不低于Ⅱ级要求，射线检测技术等级应不低于 AB 级。

6.5 性能试验。

6.5.1 管件每批应进行常温拉伸性能试验，性能试验结果应满足标准和采购技术规范的要求。监造人员需对性能试验的取样、试验过程进行见证，并对报告进行审查。

6.5.2 低温管件经过热处理后，需按批对管件进行低温冲击试验，低温冲击试验的试验温度和合格指标按相应标准和采购技术文件的要求，横向膨胀量也需满足相应的标准和采购技术规范的要求。

6.5.3 焊接管件应分别在母材、焊缝、热影响区取样，取样方向为横向。

6.5.4 对不锈钢管件，按每批进行晶粒度检测，晶粒度范围为 4.5~7.0 级。

6.5.5 对不锈钢管件，还应按 ASTM A262 E 法或 GB/T 4334.5 进行晶间腐蚀试验，试验后试验不应出现晶间腐蚀倾向。

7 PMI 材质鉴定

7.1 所有管件应在发运前进行材质鉴定（PMI），主要合金元素成分应符合各自材料标准的规定。

7.2 供货时应提供检测报告。

7.3 对不锈钢材料，主要检测 C、Cr、Mo、Ni 等，对碳钢和低合金钢主要检测 C、Mn、Ni 等。

8 标记、色标、防护和包装

8.1 标识。

8.1.1 低合金钢管件应采用模板印刷法标识,标识应清晰、可见,用于标识和色标的涂料不得含有任何有害金属或金属盐,如锡、锌、铅、硫、铜或氯化物等在热态时可引起腐蚀的物质。

8.1.2 管件上的标识内容应按 MSS SP-25 要求进行,至少应标记下列内容:
① 产品代号;
② 公称通径或外径;
③ 壁厚等级(或管表号);
④ 材料牌号;
⑤ 制造商名称或商标;
⑥ 标准编号;
⑦ 编码及采购技术文件要求的其它内容。

8.2 色标。

管件应按采购技术文件要求涂刷色标。

8.3 防护和包装。

8.3.1 碳钢和低合金管件表面应进行喷丸处理。管件的表面防腐应按照买方要求。

8.3.2 不锈钢管件应进行酸洗钝化处理。酸洗钝化前应去除表面的油污;酸洗钝化后应用净化水清洗除去管件表面的酸液,净化水中的氯离子含量应不大于 50mg/L。酸洗钝化处理后,应按酸洗批次从每批抽样进行蓝点试验来检验酸洗钝化效果。

8.3.3 管件内腔应清理干净,两端用塑料盖封堵,管件应按采购采购技术文件进行适当的包装和防护,以防止管件在运输、贮存过程中受到侵害或不必要的损伤。

8.3.4 采用包装箱进行包装和防护时,包装箱内应附有产品装箱单,并有防潮措施。

9 资料交付

9.1 管件产品质量合格证明书。

9.1.1 管件均应有产品质量合格证书。产品质量合格证明书应包括但不限于下列内容：

9.1.1.1 制造厂名称和制造日期。

9.1.1.2 质量检验员的签字及检验日期、质量检验部门的公章。

9.1.1.3 产品名称、规格、材质牌号、制造标准编号。

9.1.1.4 原材料的化学成分分析和力学性能。

9.1.1.5 规定的检测、试验结果。

9.2 产品交货文件。

9.2.1 交货文件包括但不限于以下文件。

9.2.1.1 交货产品清单。

9.2.1.2 产品质量合格证明书。

9.2.1.3 原材料原始质保书。

9.2.1.4 产品热处理报告。

9.2.1.5 产品无损检测报告。

9.2.1.6 产品尺寸检验报告。

9.2.1.7 采购技术文件规定的产品性能试验、检测报告。

9.2.1.8 采购技术文件规定的其它文件。

9.2.2 所有的交货文件上应有本厂质量部门的印章，份数按照买方要求。

9.3 文件交付。

文件采用邮寄、托运方式交付时，和货物分开包装以免文件损坏或遗失。

10 低温管件驻厂监造主要质量控制点

10.1 文件见证点（R）：由监造人员对设备材料制造过程有关文件、记录或报告进行见证而预先设定的监造质量控制点。

10.2 现场见证点（W）：由监造人员对设备材料制造过程、工序、节点

10.3 停止点（H）：由监造人员见证并签认后才可转入下一个过程、工序或节点而预先设定的监造质量控制点，应包括相关现场见证点（W）和文件见证点（R）质量控制内容。

序号	零部件及工序名称	监造内容	报告见证点（R）	现场见证点（W）	停止见证点（H）
1	资质审查	1. 制造资质审查	R		
		2. 质量管理体系审查	R		
		3. 无损检测人员资质审查	R		
		4. 理化检验人员资质审查	R		
		5. 装备能力及完好性检查		W	
2	文件审查	1. 进度计划	R		
		2. 质量计划（检验计划）	R		
		3. 施工图纸	R		
		4. 制造工艺	R		
		5. 热处理工艺	R		
		6. 无损检测工艺	R		
		7. 设计验证报告	R		
3	原材料	1. 质量证明书审查			
		1）供货商	R		
		2）供货状态	R		
		3）化学成分分析	R		
		4）拉伸性能	R		
		5）低温冲击性能	R		
		6）晶粒度（如无，需复验）	R		
		7）无损检测	R		
		2. 复验			
		1）室温拉伸		W	
		2）低温冲击性能		W	

（续表）

序号	零部件及工序名称	监造内容	报告见证点（R）	现场见证点（W）	停止见证点（H）
3	原材料	3）压扁或弯曲试验		W	
		4）非金属夹杂物		W	
		3. 外观、尺寸及材料标识		W	
4	成型	1. 工艺验证试验	R		
		2. 成型过程检查		W	
5	热处理	1. 热处理设备检查（仪表校准）		W	
		2. 热处理过程见证		W	
		3. 热处理曲线及报告审查	R		
		4. 热处理后硬度检查		W	
6	无损检测	1. 无损检测人员资质	R		
		2. 无损检测仪器、试块检查		W	
		3. 无损检测过程检查		W	
		4. 无损检测报告审查	R		
7	尺寸及外观	1. 形状、尺寸、公差		W	
		2. 坡口尺寸及外观		W	
		3. 管件壁厚		W	
		4. 外观质量		W	
8	成品性能	1. 室温拉伸试验			H
		2. 低温冲击			H
		3. 晶间腐蚀			H
		4. 晶粒度			H
9	PMI	合金元素PMI鉴定		W	
10	标志、防护和包装	1. 标志、色标		W	
		2. 管件防护		W	
		3. 管件包装		W	
11	出厂资料	1. 质量证明书	R		
		2. 其它交货文件	R		

抗硫化氢（镍基）管件监造大纲

目 录

前　言 ………………………………………………………… 121
1　总则 ………………………………………………………… 122
2　原材料 ……………………………………………………… 124
3　设计验证试验 ……………………………………………… 125
4　制造 ………………………………………………………… 126
5　检验和试验 ………………………………………………… 127
6　PMI 材质鉴定 ……………………………………………… 129
7　标记、色标、防护和包装 ………………………………… 129
8　产品质量证明书 …………………………………………… 130
9　抗硫化氢（镍基）管件驻厂监造主要质量控制点 ……… 130

前 言

《抗硫化氢（镍基）管件监造大纲》是参照 GB/T 1.1—2009《标准化工作导则　第1部分：标准的结构和编写》给出的规则起草。

本大纲由中国石油化工集团有限公司物资装备部提出。

本大纲为首次发布。

本大纲起草单位：合肥通安工程机械设备监理有限公司。

本大纲起草人：杨景、张海波、周钦凯、王勤。

抗硫化氢（镍基）管件监造大纲

1 总则

1.1 内容和适用范围。

1.1.1 本大纲主要规定了采购单位（或使用单位）对抗硫化氢（镍基）管件（UNS N08825、UNS N06625、UNS N10276）制造过程监造的基本内容及要求，是委托驻厂监造的主要依据。

1.1.2 本大纲适用于石油化工工业使用的抗硫化氢（镍基）管件（ASME B16.9中所包含的弯头、管帽、三通、四通、大小头等对接焊管件）制造过程监造，同类管件可参照使用。

1.1.3 本大纲中具体技术要求如与采购技术文件不一致时，原则上应以采购技术文件为准。

1.2 监造工作的基本要求。

1.2.1 监造人员要求。

1.2.1.1 监造人员应与监造公司有正式劳动合同关系。

1.2.1.2 监造人员应严格依据监造委托合同，履行监造职责，完成监造任务。

1.2.1.3 监造人员应持有不低于中国设备监理协会颁发的专业设备监理师资格证书，监造人员有二年（或以上）的监造业务经验，在相应专业岗位工作三年以上。

1.2.1.4 监造人员应熟悉监造物资的制造工艺，掌握制造过程中的质量技术要求和检验试验关键控制点。

1.2.1.5 监造人员在监造活动过程中应遵守有关保密的约定和规定。

1.2.1.6 监造人员应遵守制造厂HSSE或安全生产管理制度的相关要求，严格进行劳保着装和安全防护。

1.2.2 监造工作程序。

1.2.2.1 监造人员在开始监造的10个工作日内，对制造厂的人员资质、生产工艺、装备能力和质保体系运转情况进行检查和评估，并向委托方提供质量风险评估报告，明确风险等级（高、中、低、无）。

1.2.2.2 监造单位在收到采购技术文件后，10个工作日内编制完成《监造大纲》。

1.2.2.3 监造单位在获得设计相关图纸、制造工艺、质量控制计划、生产进度计划后，15日内编制完成《监理实施细则》。

1.2.2.4 监造人员应配备必要的用于平行检查且检定合格的检测器具。

1.2.2.5 监造人员应按委托方的通知或有关要求参加或组织召开预检验会议，与制造厂对接确定检验试验计划和质量控制点，并经委托方确认。

1.2.2.6 监造人员组织制造厂质量、技术、生产及经营（项目管理）等相关部门召开监理周例会，通报监造工作情况，协调解决质量进度问题，结合生产进度计划安排后续监造工作，并形成会议纪要。

1.2.2.7 监造人员在监造实施过程中，如发现质量隐患、质量问题以及可能影响交货期的重大因素时，应及时报委托方，并以书面形式通知制造厂，要求制造厂采取有效措施予以整改，若制造厂延误或拒绝整改时，可责令其停工。

1.2.2.8 对于原材料、外购件以及外协加工、外协检测和外协检验试验等过程，监造人员应重点审查质量证明文件、外协单位资质、人员资质、工艺文件和检验试验报告等。并依据监理实施细则和检验试验计划，设置必要的监造访问点实施质量控制。

1.2.2.9 监造的设备材料经现场监造人员确认符合标准规范和订单约定后按发货批次开具设备监造放行单，并报委托方。

1.2.2.10 全部监造工作完成后，应于30日内完成设备监造总结报告交付委托方。

1.3 监造单位应提交的文件资料。

1.3.1 目录（含页码）（必须）。

1.3.2 产品质量监造报告书（必须）。

1.3.3 监造工作总结（必须）。

1.3.4 监造大纲（必须）。

1.3.5 监造实施细则（必须）。

1.3.6 监造周报（必须）。

1.3.7 设计变更通知及往来函件（如有）。

1.3.8 监造工作联系单（如有）。

1.3.9 监造工程师通知单（如有）。

1.3.10 会议纪要（如有）。

1.3.11 监造放行单（必须）。

1.4 主要编制依据。

1.4.1 GB/T 13401—2017 钢制对焊管件技术规范。

1.4.2 GB/T 26429 设备工程监理规范。

1.4.3 GB/T 30059 热交换器用耐蚀合金无缝管。

1.4.4 SH/T 3408—2012 石油化工钢制对焊管件。

1.4.5 ASME B16.9 工厂制造的锻钢对焊管件。

1.4.6 ASME B16.25 对焊端。

1.4.7 ASTM B366 工厂制造锻轧镍和镍合金管配件。

1.4.8 NACE 0103 腐蚀性石油炼制环境中抗硫化物应力腐蚀开裂材料选择。

1.4.9 NACE 0175 油田设备抗硫化物应力腐蚀断裂和应力腐蚀裂纹金属材料。

1.4.10 采购技术文件。

2 原材料

2.1 设备使用的材料应是未使用过的新材料，供应商应符合采购技术文件要求。

2.2 用于制造管件的材料应符合表1和NACE MR0175/ISO 15156的有关规定。

表1 许用的原材料

标记		产品和ASTM代号			
ASME压力管配件	合金	UNS代号	公称管和管子	板材、薄板和带材	棒锻件和锻坯
WPNICMC	Ni-Fe-Cr-Mo-Cu	N08825	B423，B705	B424	B425，B564
WPNCMC	Ni-Cr-Mo-Cb	N06625	B444，B705	B443	B446，B564
WPHC276	低C-Ni-Mo-Cr	N10276	B622，B619	B575	B574，B564

2.3 用于制造管件的材料每批应有质量证明书，除标准规定的内容外，还需符合采购技术文件和本部分的规定。

2.4 无缝管件用管应为采用冷加工工艺或其它相当工艺的无缝管或锻管。

2.5 制造管件的合金管应逐根进行水压试验，符合相关标准的规定。

2.6 制造管件的镍基合金管和板材应按照 ASTM E213 进行100%超声检测，其缺陷深度应在壁厚的5%以内且不超过1.0 mm。

2.7 用于有缝管件的焊接材料应符合 AWS A5.11 或 AWS A5.14 的要求。

2.8 制造单位应按批对原材料（管、板）的化学成分和力学性能进行复验；焊材应按批复验化学成分。

2.9 原材料原始标志或移植标记应清晰，外观不允许存在裂纹、结疤、折叠、夹渣等缺陷。原材料上的标志应与质保书一致。

2.10 管材及板材应进行PT检测。

2.11 制造单位应建立严格的保管制度，并且设专门场所，镍基合金管、板材不得与碳钢、低合金钢材料混放。

3 设计验证试验

3.1 制造厂选择验证试验方法对管件的设计进行合格评定时，应审核其验证试验报告。

3.2 验证试验采用爆破强度试验，具体按照 ASME B16.9（9.设计验证试验）或 SH/T 3408—2012（8.设计验证试验）或 GB/T 13401—2017（设计验证试验）执行。

3.3 试验结果的适用范围如下。

3.3.1 试验管件可以验证规格大小为 0.5～2 倍的类似比例的管件，非异径管件的验证试验可以用来对相同型式的异径管件进行合格评定，异径管件的合格评定可以用来对较小规格的异径管管件进行合格评定；

3.3.2 试验管件可以验证壁厚与外径比值（t/D）为试验管件的 0.5～3 倍的类似比例管件；

3.3.3 各种牌号材料制造的几何尺寸相同的管件，其承压能力直接与各种牌号材料的抗拉强度成比例，因此，只需试验单一牌号材料的样品管件即可验证该管件的设计。

4 制造

4.1 首次生产镍基管件需进行工艺验证。验证管件材料与产品同材质，选择的规格尺寸能覆盖产品范围，按同样成型工艺生产的管件。工艺验证报告至少包括以下内容：化学成分分析、拉伸性能、低倍组织、非金属夹杂物、无损检测、尺寸及外观检查。若检验结果不合格，应改进生产工艺，直到检验结果达到规定要求，方可正式生产。

4.2 管件制造应按照 ASTM B366、ASME B16.9 的标准执行。

4.3 对焊的无缝弯头、三通和大小头应为无缝管或锻管采用热压成型或冷成型工艺制造。管帽应为钢板采用冲压热成型或冷成型工艺制造。有缝管件应为对焊热加工或冷加工成型。

4.4 制造工艺应保证管件在成型时其圆弧过渡部分外形圆滑；成型工艺应做到不会在管件上造成有害缺陷。

4.5 有缝管件的焊接。

4.5.1 焊接管件施焊前，应按 ASME 锅炉及压力容器规范第Ⅸ卷或 NB/T 47014 的要求进行焊接工艺评定，形成工艺评定报告（PQR）；并编制焊接工艺规程（WPS）。

4.5.2 焊工或焊接操作工应按 ASME 第Ⅸ卷进行评定。

4.5.3 焊制管件焊缝应采用双面焊或单面焊双面成型的全焊透结构。

4.5.4 焊缝坡口的加工宜采用机械方法。若采用等离子方法热切割，应打磨去除氧化层。坡口表面应按ASTM E165方法B进行渗透检测。坡口尺寸应符合焊接工艺规程（WPS）或采购技术文件规定。

4.5.5 焊缝的对口错边量应小于或等于10%的管件壁厚，且不大于2mm。管件上的焊缝位置应符合SH/T3408的要求。

4.5.6 焊接前，坡口及其两边至少各50mm范围内的内、外表面，应先用洁净的挥发性溶剂，如丙酮或无水酒精清洗，除去油脂、粉尘、氧化物等。然后用不锈钢丝刷清理坡口及距坡口至少25mm范围内的区域，清理的不锈钢丝刷不得再用于其它材料的清理，应做到工具专用。

4.5.7 管件焊缝的焊接可采用钨极氩弧焊（GTAW）、等离子弧焊（PAW）+钨极氩弧焊（GTAW）。如果母材厚度不超过6mm，在整个焊接过程中应保持背面采用氩气保护；如果母材厚度超过6mm，在填充厚度大于6mm后，可以取消背面氩气保护。

4.5.8 焊接过程中应采用低的焊接热输入，层间温度应控制在100℃以下，并且所有焊道的焊接操作都不允许摆动。

4.5.9 不允许在焊缝边缘打焊工钢印，应采用可追踪的记录。

4.5.10 焊接返修不得超过两次。

4.6 管件表面缺陷应用研磨法去除。

4.7 对焊管件坡口应符合ASME B16.25标准不带垫环结构。

4.8 管件加工完成后应进行固溶热处理，热处理应有热处理报告。

4.9 管件热处理后应进行酸洗钝化处理。

4.10 管件尺寸、厚度及形位公差。

4.10.1 管件外形尺寸和形位公差按相关标准及技术规范的规定。

4.10.2 无缝管件端部壁厚允许偏差为-10% ~ +12.5%；焊接管件端部壁厚允许偏差：最大负偏差为-0.3mm，最大正偏差为+12.5%。

5 检验和试验

5.1 管件的外观检验应符合下列要求。

5.1.1 外观检验应逐件进行；

5.1.2 管件本体的内外表面应光滑，无氧化皮。焊缝表面不得有裂纹、咬边、未熔合、焊瘤、焊渣、飞溅、粗糙的焊波等缺陷，焊缝与母材应平滑过渡。焊缝金属任一点的表面不得低于相邻母材表面；材料公称厚度小于等于4.8mm时，焊缝余高不大于1.5mm，材料公称厚度大于4.8mm时，焊缝余高不大于2.0mm；

5.1.3 管件本体上不得有深度大于公称壁厚的5%且大于0.8mm的结疤、折叠、离层、发纹；

5.1.4 管件上不得有深度大于公称壁厚的10%且大于1.6mm的机械划痕和凹坑；

5.1.5 对于PT检测出的深度不大于0.8mm且不大于公称壁厚的10%的微裂纹，允许研磨消除。否则，该管件应予以报废。

5.1.6 缺陷的研磨应见到完好金属为止，研磨后管件的剩余壁厚不应小于公称壁厚的90%。

5.2 成品管件的形状和尺寸应逐件检查，并应符合第4章的要求。

5.3 成品分析。

管件应按规格、炉批号进行成品化学成分分析，应符合表1和ASTM B880标准中各自产品规定的成品分析要求。

5.4 拉伸试验。

管件应按规格、炉批号进行常温拉伸性能试验，强拉强度、屈服强度和伸长率应符合表1中所列标准中各自材料和状态的性能。

5.5 管件应按规格、炉批号根据 ASTM E381、E45、E112进行金属组织浸蚀检验。检验结果应符合以下要求。

5.5.1 金属组织浸蚀试验。

① 晶粒度应按照ASTM E112标准要求执行，5级或更细为合格。

② 无枝晶和柱状组织。

5.5.2 不允许有尺寸大于E45标准中的2.5级的偏析和带状不均匀组织。

5.5.3 钢中非金属A、B、C、D类夹杂物总和不得大于7级。

5.6 管件应按ASTM G28进行晶间腐蚀试验。

5.7 无损检测。

5.7.1 管件表面应按照ASTM E165方法B进行100%液体渗透检测。

5.7.2 大于等于$DN150$的管件每种规格应抽1件按照ASTM E213进行100%超声检测，其缺陷深度应在壁厚的5%以内且不超过0.8mm。

5.7.3 焊接管件包括有缝管制造的管件的焊缝应按ASME锅炉及压力容器规范第Ⅷ卷第一册UW-51条全长度进行射线检测。

6 PMI材质鉴定

所有管件应在发运前进行材质鉴定（PMI），主要合金元素成分应符合表1中各自材料标准的规定。

7 标记、色标、防护和包装

7.1 标志。

7.1.1 管件宜采用低应力钢印（低应力点阵字）、电化刻蚀、喷涂等方法进行标志，标志应清晰、可见，标志应位于管件外表面。用于标识和色标的涂料不得含有任何有害金属或金属盐，如锡、锌、铅、硫、铜或氯化物等在热态时可引起腐蚀的物质。禁止采用硬印标志。

7.1.2 管件上的标志应包括下列内容：

① 管件标准，ASTM B366；

② 管件代号标志内容：ASME压力管配件号+等级代号+规格型号代号，规格型号代号按SH/T 3408中表3.2；

③ 制造批号或炉批号；

④ 材料牌号（UNS代号）；

⑤ 管件的公称直径和壁厚；

⑥ 标准编号；

⑦ 制造商名称或商标；

⑧ 合同要求的其它内容。

7.2 色标。

管件应按采购技术文件要求涂刷色标。

7.3 防护。

7.3.1 管件表面不得涂漆。

7.3.2 管件应设专门场所存放,不得与碳钢、低合金钢管件混放。

7.3.3 管件应采取适当的保护措施,防止受到划伤和撞击损伤。

7.3.4 所有管件内腔应清理干净,两端用塑料盖密封,并防止运输过程的大气腐蚀。

7.4 包装。

7.4.1 管件应按不同材料、规格、壁厚分别包装,并有防潮措施。

7.4.2 包装箱内应有产品装箱单和质量证明书。

8 产品质量证明书

管件产品质量证明书至少包括下列内容:

8.1 制造厂名称和制造日期。

8.2 制造厂检验部门的公章或质检专用章。

8.3 质量检查员及质检负责人的签字及检验日期。

8.4 产品名称、规格、产品标准、材料及标准。

8.5 化学成分和机械性能。

8.6 采购技术文件规定的其它检验报告。

9 抗硫化氢(镍基)管件驻厂监造主要质量控制点

9.1 文件见证点(R):由监造人员对设备材料制造过程有关文件、记录或报告进行见证而预先设定的监造质量控制点。

9.2 现场见证点(W):由监造人员对设备材料制造过程、工序、节点或结果进行现场见证而预先设定的监造质量控制点,且应包括相关文件见证点(R)质量控制内容。

9.3 停止点(H):由监造人员见证并签认后才可转入下一个过程、工序或节点而预先设定的监造质量控制点,应包括相关现场见证点(W)和文件见证点(R)质量控制内容。

序号	零部件及工序名称	监造内容	报告见证点(R)	现场见证点(W)	停止见证点(H)
1	资质审查	1. 制造资质审查	R		
		2. 质量管理体系审查	R		
		3. 焊工资格审查(焊接管件)	R		
		4. 无损检测人员资质审查	R		
		5. 理化检验人员资质审查	R		
		6. 装备能力及完好性检查		W	
2	文件审查	1. 进度计划	R		
		2. 质量计划(检验计划)	R		
		3. 施工图纸	R		
		4. 制造工艺	R		
		5. 焊接工艺评定	R		
		6. 焊接工艺规程	R		
		7. 热处理工艺	R		
		8. 无损检测工艺	R		
		9. 酸洗钝化工艺	R		
		10. 设计验证报告	R		
3	原材料	1. 质证书审查			
		1)供货商	R		
		2)供货状态	R		
		3)化学成分	R		
		4)拉伸性能	R		
		5)水压试验	R		
		6)无损检测(UT)	R		
		2. 复验			
		1)化学成分		W	
		2)拉伸性能		W	
		3)外观、尺寸及材料标识		W	

（续表）

序号	零部件及工序名称	监造内容	报告见证点（R）	现场见证点（W）	停止见证点（H）
4	成型及焊接	1.工艺验证试验	R		
		2.成型		W	
		3.焊接检查（有缝管件）			
		1）焊接材料		W	
		2）组对检查		W	
		3）焊接工艺执行		W	
		4）焊工资格	R		
		5）焊缝外观检查		W	
		6）焊接返修检查		W	
5	热处理	1.热处理设备检查（仪表校准）	R		
		2.热处理过程见证		W	
		3.热处理曲线及报告审查	R		
6	无损检测	1.无损检测人员资质	R		
		2.仪器校准		W	
		3.UT、PT检测见证		W	
		4.RT、UT、PT无损检测报告	R		
7	尺寸及外观	1.主要尺寸、壁厚、圆度		W	
		2.形位公差		W	
		3.坡口尺寸、角度及包络线检查		W	
		4.外观检查		W	
		5.酸洗钝化		W	
8	成品性能	1.化学成分	R		
		2.拉伸试验	R		
		3.金相组织	R		
		4.晶粒度	R		
		5.非金属夹杂物	R		
		6.腐蚀试验	R		
9	PMI	合金元素PMI鉴定		W	

（续表）

序号	零部件及工序名称	监造内容	报告见证点（R）	现场见证点（W）	停止见证点（H）
10	标志、防护和包装	1. 标志、色标		W	
		2. 管件防护		W	
		3. 管件包装		W	
11	出厂资料	质量证明书	R